U0204341

汪诘 著 庞坤 绘

汪诘少儿科学思维培养书系

为什么量子不能被克隆

WEISHENME LIANGZI BUNENG BEI KELONG

图书在版编目（CIP）数据

为什么量子不能被克隆 / 汪诘著；庞坤绘 .—南宁：接力出版社，2019.8
（汪诘少儿科学思维培养书系）
ISBN 978-7-5448-6145-8

Ⅰ.①为… Ⅱ.①汪… ②庞… Ⅲ.①量子力学—少儿读物 Ⅳ.① O413.1-49

中国版本图书馆 CIP 数据核字（2019）第 135011 号

责任编辑：刘佳娣　　装帧设计：许继云

责任校对：杜伟娜　　责任监印：刘　冬

社长：黄　俭　　总编辑：白　冰

出版发行：接力出版社　　社址：广西南宁市园湖南路 9 号　　邮编：530022

电话：010－65546561（发行部）　　传真：010－65545210（发行部）

http：//www.jielibj.com　　E－mail：jieli@jielibook.com

经销：新华书店　　印制：北京盛通印刷股份有限公司

开本：710 毫米 × 1000 毫米　1/16　　印张：11　　字数：150 千字

版次：2019 年 8 月第 1 版　　印次：2019 年 8 月第 1 次印刷

印数：00 001—15 000 册　　定价：48.00 元

目录

第3章 玻尔的模型

第4章 不确定性原理

第5章 要命的双缝

第6章 EPR 悖论

第7章 量子纠缠

第8章 量子计算机

第9章 量子通信

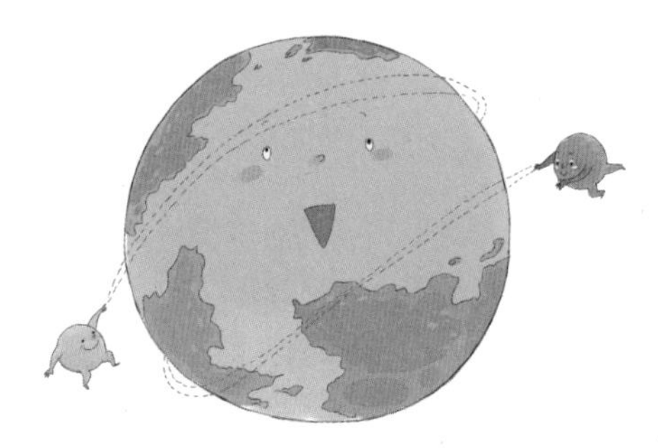

第10章 量子力学不神秘

自序

这两年，每当我做完以亲子家庭为对象的科普讲座后，向我提问频率最高的一个问题（没有之一）是：汪老师，能不能给我家孩子推荐几本科普好书？说句真心话，每当这个时候，我总是会有点尴尬。因为，我无法脱口而出，热情地推荐某一本书。我小时候看过的所谓科普书，今天回想起来，其实大多数是“飞碟是外星人的飞船”“金字塔的神秘力量”等所谓的“世界未解之谜”。这些书在今天看来，大多是伪科学丛书，毫无科学精神可言。我自己有了分辨科普书的能力时，已经快三十岁了，自然也就不会再看面向青少年的科普书籍。后来，随着女儿渐渐长大，我开始为她挑选科普书籍。我这才发现，要找一本让我完全满意的儿童科普书，竟然那么难。虽然市面上也有《科学家故事100个》《十万个为什么》《昆虫记》《万物简史（少儿彩绘版）》等优秀的作品，但我希望自己的孩子阅读科普书不仅能掌握科学知识，还能领悟科学思维。一个人的科学素养是由科学知识和科学思维共同组成的，两者相辅相成，缺一不可。所以，只有两者均衡发展，才能最大化地提升一个人的科学素养。

也就是说，科学知识要学，但不能只学科学知识；科学家的故事要看，但不能只看科学家的故事。

比科学故事更重要的是科学思维。

所以，我想写一套启发孩子科学思维的丛书，为我国的儿童科普书库做一些有益的补充。我的这个想法得到了接力出版社的大力支持，尤其是在编辑刘佳娣老师的全情投入下，才有了你们今天看到的这套丛书。

给孩子讲科学思维远比给成人讲困难，因为科学思维的总纲是逻辑和实证，这是比较抽象的概念。因此，要让孩子能够理解抽象的概念，就必须把它们和具体的科学知识、科学故事结合起来讲，不能是干巴巴的说教。所以，给青少年看的科普书，“好看”是第一位的。丢掉了这个前提，其他都是空谈。

在这套丛书中，我会用通俗的语言、生动的故事来解答小朋友最好奇的那些问题。例如：时间旅行有可能实现吗？黑洞、白洞、虫洞是怎么回事？光到底是什么东西？量子通信速度可以超光速吗？宇宙有多大？宇宙的外面还有宇宙吗？……我除了要解答孩子的十万个为什么，更重要的是教孩子像科学家一样思考。

科学启蒙，从这里开始。

第*1*章

“微波”战争

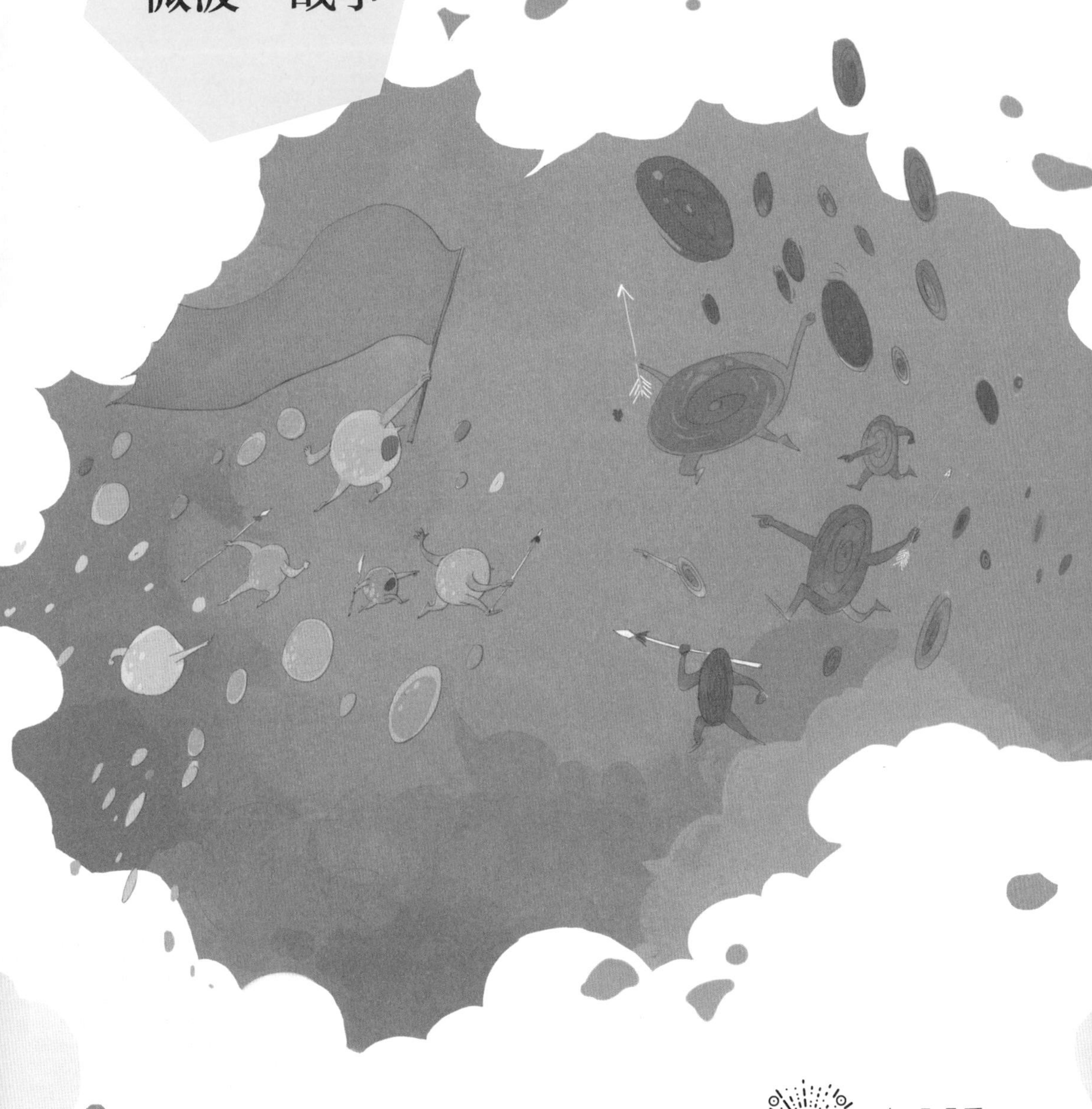

扫码观看
本章视频

牛顿的微粒说

现代物理学就像一座宏伟的大厦。这座大厦有两根支柱，其中一根叫相对论，另一根就是本书要给你讲的量子力学了。

相对论彻底改变了我们对宇宙的看法，而量子力学则彻底改变了我们的生活。有了量子力学，才会有半导体；有了半导体，才会有今天人人都在使用的手机和互联网。

有趣的是，打开相对论和量子力学大门的是同一样东西，那就是光。

光，是我们这个世界最常见，但也是最神秘的现象。自从人类文明诞生以来，我们就一直在寻找一个问题的答案，这个问题就是：光到底是什么？

我们要从大名鼎鼎的牛顿开始说起。牛顿在剑桥求学的时候，伦敦突然爆发了一场大瘟疫。剑桥大学遣散了师生，让他们回乡下避难。于是牛顿重新回到了他的出生地——伍尔索普庄园。就是从这个时候开始，牛顿研究起了太阳光。当时的人们对太阳光的颜色和彩虹的成因争论不休。1666年的某天，牛顿找来了一块三棱镜，并且布置了一个房间作为暗室，只在窗户上开了一个圆形小孔，让太阳光射入。当他用三棱镜挡住一束阳光时，立刻就在对面墙上看到了像彩虹一样鲜艳的七彩色带。牛顿就开始琢磨，为什么会出现彩虹呢？无非有两种可能。一种可能是光的颜色会被三棱镜改变，另一种可能是白光本身就是由七种颜色的光混合而成的。到底哪种情况是对的呢？

太阳光经过三棱镜的分解，会在墙上形成彩虹色带

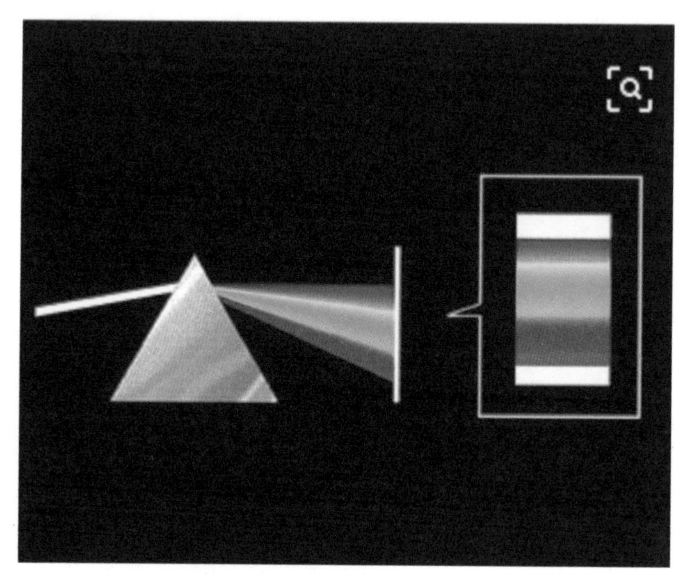

三棱镜分解太阳光实验的原理示意图

他进一步做实验发现，如果让七色的光再经过一块三棱镜，光的颜色不会再次发生变化，这说明三棱镜并不能改变光的颜色。但是，当牛顿设法把七种颜色的光再次混合起来时，七色光带又变成了白光。这就证明了，太阳光虽然看起来是白的，其实它是由七种颜色的光混合而成的。

三棱镜分解太阳光实验的成功为牛顿后来的光学研究奠定了基础。他认为，光就是一连串的微粒，就像机关枪打出的一串串子弹。所有的发光物体，不管是太阳还是蜡烛，都在不断发射出无数的微粒。这些微粒如果射到了我们的眼睛中，就是我们感受到的光。这就是牛顿的微粒学说。它可以解释光为什么是沿着直线传播的，也可以解释光的反射现象。

发光物体发射的微粒射到我们的眼睛里，就是我们感受到的光

但是，人们很快就发现了一些无法用微粒学说来解释的现象。比如说，我们在手电筒上罩一层带花纹的塑料纸，然后把手电筒的光照在墙上，你会看到墙上出现了花纹的光影。这时候，你再打开一个手电筒，对着前面那个手电筒照射。假如按照牛顿的说法，光是一种微粒，那么两束交叉的粒子流肯定会发生碰撞，就会导致墙上的图像变得模糊不清。可实际上呢，这种情况根本不会发生。无论你怎么照射，两束光看起来都是井水不犯河水般地相互穿过了。牛顿的微粒学说无法解释这个现象。

惠更斯的波动说

与牛顿同时代的荷兰物理学家惠更斯不同意牛顿的看法。惠更斯也是历史上一位著名的科学家，他比牛顿大 14 岁，家庭比较富裕。他是少年天才的代表，17 岁就被誉为“荷兰的阿基米德”。无论是牛顿还是惠更斯，数学能力都很强，这一点儿也不奇怪，因为科学的语言就是数学。惠更斯很善于把科学理论和实践结合在一起，是不折不扣的“实验党”。

1669 年，丹麦人巴托林发现有一种来自冰岛的透明石头，会有奇妙的双折射现象。就是说，如果用这块石头压住纸上画出的一条线，那么，我们透过石头看过去，一条线就变成了两条线，这种石头就是冰洲石。其实大部分晶体都能展示双折射现象，但像冰洲石那么明显的双折射还是很罕见的。惠更斯也研究起了这种石头，接着他遇到了一个立体几何问题。（你看，又绕回到了数学上。）经过一番测量和思考，惠更斯通过引入椭圆光球，终于能够用具体数值解释其中的双折射现象了。这还真是一块石头引发的科学奇案。就这样，惠更斯对光产生了浓厚的兴趣，他的探索也越来越深入。

1678年，他49岁的时候，正式发表了一篇他对于光的见解的文章，不过直到他61岁时，才以法文形式出版了一本叫《光论》的书。这本书第一次完整地提出了光的波动理论。具体来说，惠更斯认为，光根本不是微粒的聚合，而是一种波。什么是波呢？你把一块石头扔进水中，就会产生涟漪，那就是水波——水分子上下振动产生的视觉效果。拿起一根长绳子的一端，用手抖动一下，也会产生一个绳波，这是绳子传递振动的视觉效应。波有一种很神奇的效应，如果两个波面对面相遇，它们会毫无阻碍地对穿而过，就好像对方不存在一样。不信你可以和小伙伴抓住绳子的两端，各自抖一个绳波出来，观察它们相遇的情况。你看，如果光也是一种波，那么，就能很好地解释前文所说的为什么墙上的花纹图像没有变化。

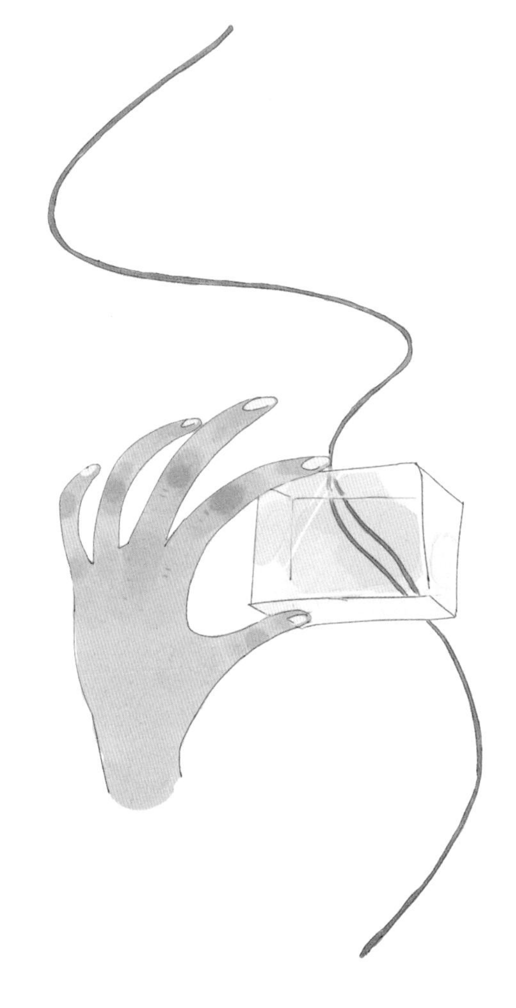

冰洲石的双折射现象

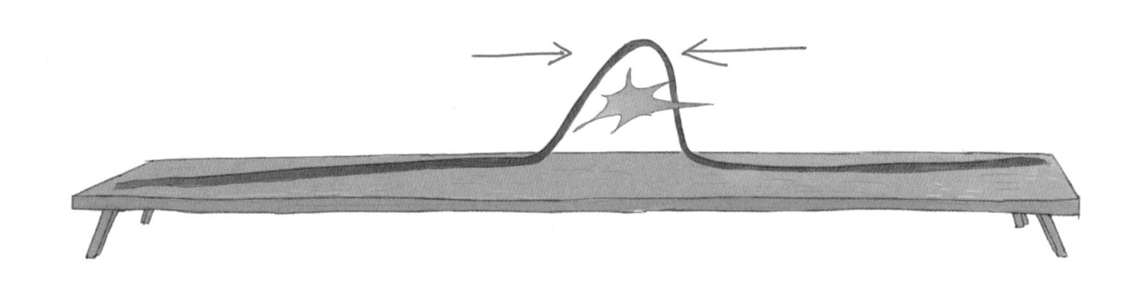

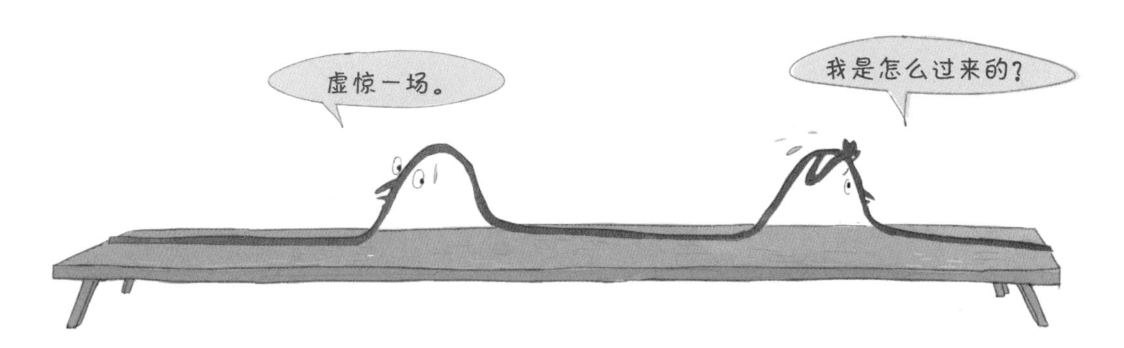

两个小朋友抓住绳子的两端，各自抖一个绳波，观察它们的相遇情况

牛顿和惠更斯的理论是针锋相对的。因为按照牛顿的说法，光是由一个个会向前运动的微粒组成的，而波只是一种视觉假象。不论是水波、声波还是绳波，介质本身并没有向前运动，它们只是在做着周期性的振动而已。那么一个问题来了：如果光是一种波，那么产生光波的振动介质是什么呢？遥远的星光照射到地球上，它们穿过的可是空无一物的太空啊！

那时候的科学家认为，太空并不是真空，而是由一种被称为“以太”的看不见、摸不着的物质填满，光就是以太振动的视觉效果。但问题是，无论物理学家们怎么努力，也检测不到以太的存在。波动说同样是困难重重。

微粒派和波动派在很长一段时间中都争得不可开交，史称“微波”战争。

“微波”战争

争论焦点：折射

两个理论争论的一个焦点就是对光的折射现象的解释。一束光线从空气射进水中，会发生偏折。你把一根筷子插进水中，就会看到筷子好像被折断了一样，这就是折射现象引起的。那这个现象该如何解释呢？牛顿认为，微粒在射进水中以后会被某种作用力侧向拉拽一下，因而导致路径发生了偏转。因为受到了力，所以光在水中传播的速度比在空气中更快。而惠更斯的波动学说则认为，这是因为光波进入水中，传播速度变慢了，所以才发生了偏转。这个结论与牛顿的结论刚好相反。

那么水中的光速到底是变快了还是变慢了？这就成为判断谁对谁错的试金石。可惜啊，在牛顿他们所处的时代，没有人能测出精确的光速，这事只能作罢。

不过，因为牛顿的名望实在太响了，而且牛顿的其他理论都十分成功，所以当时大家都认为牛顿的光学理论也一定是对的，微粒学派占了上风。

惠更斯和牛顿的结论相反

双缝实验

谁知到了 1801 年，有一个人趴在小黑屋里把牛顿给拉下了马，这个人叫托马斯·杨。他本来是学医的，你也可以叫他杨大夫。

杨大夫是英国人，家里经商，自幼就被称为神童，动手能力和思考能力都很出众，9 岁掌握车工工艺，14 岁就掌握了当时最难的数学技巧，也就是今天微积分的前身。在他的那个年代，光的微粒说是主流的学说，因为这是大师牛顿支持的学说嘛。牛顿去世 70 多年后的 1800 年，杨大夫公开向牛顿叫板，他说尽管他仰慕牛顿，但是并不认为牛顿永远是对的，而牛顿的权威有时甚至可能会阻碍科学的进步。1802 年和 1803 年，他接连提交了两篇论文，更加明确地提出，光就是一种波，而不是粒子。

其实杨大夫的思考并不复杂，伟大的理论往往也都是从浅显易懂的思考开始的。杨大夫想，如果光像水波或声波一样传播，那么两个波峰相遇的时候就会互相增强，就会更亮；波谷遇上波谷，就会变暗；而如果是波峰和波谷相遇，两个波就会互相干扰，相互抵消，光线就会消失。不过光想可不行啊，得动手拿出证据啊。

于是他就在小黑屋里鼓捣起来了。他做的实验就是物理学史上非常著名

波峰和波谷相遇的三种情况

的“双缝干涉实验”。

这个实验简单一点儿描述就是在一块板上开两条平行的狭缝，距离很近，然后用一个单色点光源照射。光穿过了两道狭缝以后，就会在后面的屏幕上显示出许多明暗相间的条纹。这种条纹用微粒学说根本无法解释，但是用波动学说去解释的话，却可以与实验吻合得很好，所以杨大夫就认为牛顿错了。

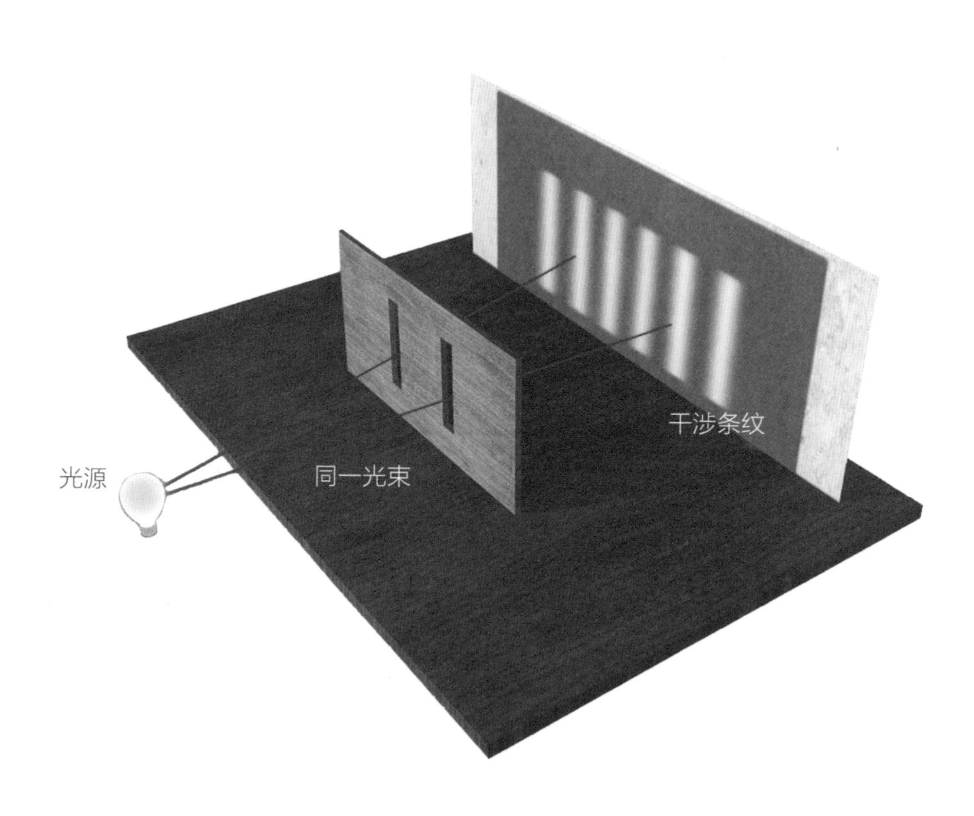

双缝干涉实验

泊松亮斑

转眼间到了1818年，由于杨大夫成功做出了双缝干涉实验，波动说占据了上风，但是仍然有一批科学家坚信着微粒说，比如法国数学家兼物理学家泊松。那一年，法国科学院决定举办一个竞赛，鼓励年轻的科学家积极参与，加紧研究光的本质。当时已经挺有威望的泊松，就受邀担任了评委。

有一位叫菲涅尔的物理学家写了一篇论文来参赛。在这篇论文中，年轻的菲涅尔假设光是一种波，然后他用数学精确地描述了一束光通过一个小孔或者圆盘后会发生什么情况。泊松仔细阅读了这篇论文，还拿起笔来按照论文中的方法左算右算。最后，泊松笑着向大家宣布，如果菲涅尔先生的论文是正确的，那么，用他的波动理论就可以推导出一个必然结论——假如用一个点光源照射一个圆盘，那么在圆盘的阴影中心会出现一个亮斑。哈哈，你们觉得这是不是很荒谬啊？你们有谁见过在阴影的中心会出现一个亮斑呢？

然而，评委会主席阿拉戈决定做实验验证一下。结果呢，泊松大吃一惊，因为大伙儿通过圆盘实验发现，只要距离恰当，就能在阴影中心出现一个亮斑。人们还把这个亮斑取名为“泊松亮斑”。

令人惊讶的泊松亮斑

波动派完胜

没过多久，波动派又迎来了一个重大利好消息：光在水中传播的速度被测量出来了，确实如波动派预言的，它比在空气中的传播速度慢一些。至此，光的波动学说已经打得微粒学说没有还手之力了。

但波动派真正认为己方取得了最终胜利，还要等到 19 世纪末，科学家们发现了电磁波。两部手机之间不需要电线也能通话，就是因为电磁波的存在。电磁波是电场和磁场交替感应、周期变化而形成的。当时的科学家们认为，电磁波是一种标准的波。令人惊奇的是，科学家们在实验室中测出，电磁波的速度与光速极为接近。并且，一系列的实验表明，电磁波的各种特性都与光非常相似。人们终于认识到，光就是一种电磁波。

到这里，似乎光的秘密已经大白于天下，“微波”战争以波动派的彻底胜利而结束了。但是，有一朵乌云却始终悬在波动派的头上，那就是以太问题。这是波动派理论的根基，因为当时的科学家坚信，波就是物质此起彼伏的振动产生的，如果要产生波，就必须要有振动的介质。但问题是，以太却始终也测量不出来。

光披着电磁波的外衣

证据为王

好了，回顾今天的故事，你会发现：

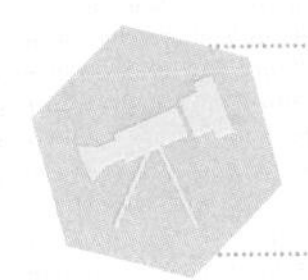

评判一个科学观点的正确与否，并不是看提出这个观点的科学家的名气有多大，科学研究始终以证据为王。

牛顿的名气最大，在正反双方的实验证据都差不多的情况下，牛顿的声望可以让他的观点得到更多的支持。但是，你很快就看到，水中的光速被测定出来了，而结果符合惠更斯的预言，不符合牛顿的预言。这时候，科学家们就会支持惠更斯，因为科学观点的确立靠的是证据而不是权威。

对于波动派来说，始终找不到以太存在的证据，这已经够闹心的了，可是，他们万万没有想到，还有更闹心的。就好像电影中的剧情大反转，波动派的庆功宴还没有来得及结束，有一个人就搅黄了宴席。更加讽刺的是，这个人恰恰就是发现电磁波、让波动派一度欢欣鼓舞的赫兹。赫兹做了一个实验，瞬间又让波动学说陷入深渊，而微粒学说则凭借着这个实验起死回生，来了一场完美的逆袭。那么，让“微波”战争硝烟再起、差点摧毁整个波动学说的实验到底是怎么回事呢？咱们下一章揭晓答案。

思考题

请你想一下，在你的生活中，有没有什么观点是大人总在说但似乎没有证据的呢？比如吃饭的时候喝水对胃不好，冬天喝凉水会拉肚子等。

第2章

光电效应和黑体辐射

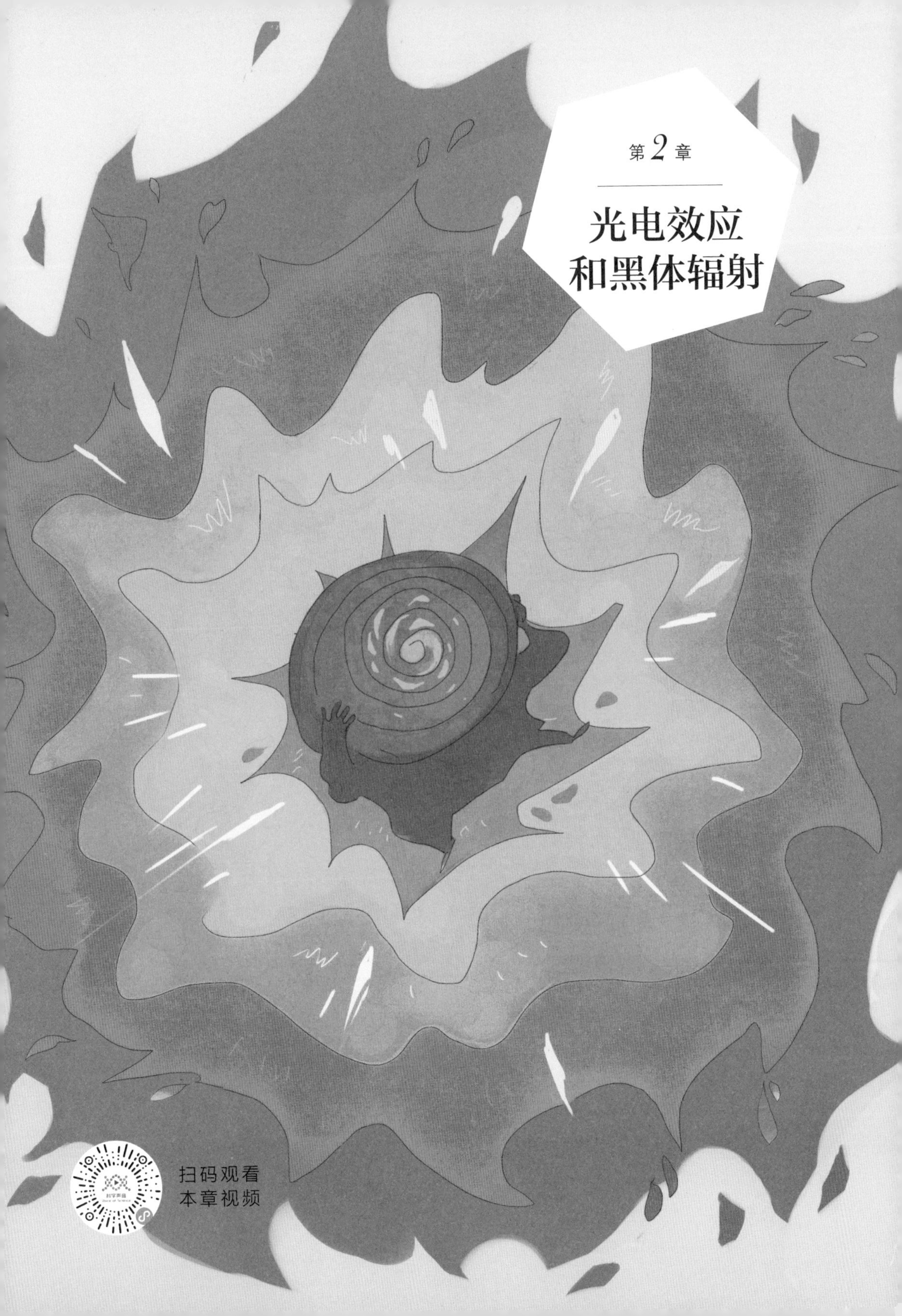

扫码观看
本章视频

光电效应

上一章我们说到，就在光的波动派庆祝胜利的时候，德国物理学家赫兹做了一个实验，实验结果对波动派的主张是一个巨大的打击。这个实验就是大名鼎鼎的光电效应实验。

要理解什么是光电效应，我们要先来了解一下什么是电。科学家们发现，物质都是由一种叫原子的微粒构成的。原子有很多种，比如铁就是由铁原子构成的，金就是由金原子构成的。原子又是由原子核与电子构成的。铁原子和金原子的区别在于电子数量的不同，金原子的电子数量比铁原子更多。一般情况下，电子都围绕着原子核运动，但有些时候，电子会离开原子核自由运动。很多的电子集体朝某个方向运动时，就会产生电流。当我们说这根电线通电了，真实的含义是这根电线中的电子正在集体朝某个方向运动。

但是，电子实在是太小了，即便是到了今天，我们也依然无法在显微镜中看到电子到底长什么样子。我们只能通过观察电子留下的各种痕迹来得知它的存在。例如，如果电子打到了荧光屏上，就会出现一个亮点。

赫兹最著名的实验是验证电磁波存在的实验。这个实验是这么做的：他用一个圆环当作接收器，圆环有个缺口，假如接收到了电磁波，那么缺口上

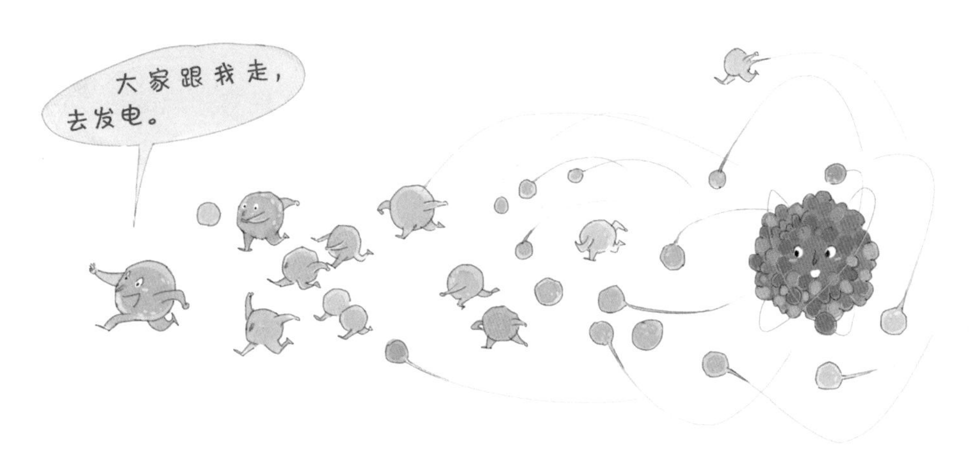

很多电子一起朝某个方向运动，就会产生电流

就会冒出电火花。为了看清楚这个微小的电火花，赫兹不得不用黑布遮挡外界的光线。他发现，一旦把光线挡住，火花就没了，而有光照到圆环缺口上，就能感应出电火花。他非常郁闷，这事跟光照有什么关系啊？这是怎么回事呢？

后来，他把黑布换成玻璃，尽管玻璃是透明的，但也还是不行，直到换成了石英玻璃，电火花才重新出现了。玻璃和石英玻璃的差别是什么呢？紫外线可以透过石英玻璃，但不能透过普通玻璃，难道起作用的是紫外线吗？

赫兹并不知道这是怎么一回事，但是他把实验现象写进论文里发表了。全世界的物理学家都对这个现象感兴趣，光为什么能控制电火花呢？光与电之间到底有什么内在的相互作用呢？

许多科学家对此进行了研究，他们发现，金属被光照射到的时候，就会有电子跑出来，这就是光电效应实验。但奇怪的是，并不是什么光都行。比如，紫色光能照出电子，蓝色光就不行。光的颜色是由光波的频率决定的，振动得越快，表示频率越高。进一步的实验发现，对于某种特定的金属来说，只有光的频率超过了某个数值，才能照出电子来；如果频率不超过某个数值，那么，哪怕照射的时间再长，也不能照出电子来。最有意思的是，只要光的颜色，也就是频率对了，光一照到金属上，电子立即就会跑出去，完全没有时间差。

赫兹在做验证电磁波的实验，他搞不懂电火花和光有什么关系

波动学说的危机

这个现象让波动派的物理学家们感到震惊，他们感到波动学说的理论根基被动摇了。为什么呢？因为波的能量传递是连续不断的。如果光是一种波，也就意味着光的能量是连续不断地被金属所吸收的，那么电子在吸够了能量后，就应该跑出来了，光的频率最多也就应该只决定照射的时间长短才对嘛！这就好像电子是水杯中的塑料小球，光照射金属板的过程就好像是给水杯中注水的过程，水满了，浮着的小球自然就出来了。不同频率的光只不过是水流大小的不同而已，要注满水杯，只是时间问题。

光照射金属板的过程就像给水杯中注水，水满了，杯中浮着的小球就出来了

可现在物理学家们发现：

光电效应就好比有个搬运工，把货物搬到二楼，他开价 100 元，但是，他有个怪脾气，只认 100 元的钞票。你给他 10 张 10 元的，他不干；你给他两张 50 元的，他也不认；只要遇到一张 100 元的，他立马就搬东西上楼，一刻都不延迟。

这个实验就成了很多物理学家的梦魇，他们死活也想不通为什么会这样。直到 1905 年，一位大师才解决了这个难题。这位大师是一位真正的大师，尽管那一年他只有 26 岁，他就是无人不知、无人不晓的爱因斯坦。

那爱因斯坦到底是如何解决这个难题的呢？其实，这并不是爱因斯坦的灵光乍现，而是他受到了另外一位著名物理学家的启发，这位物理学家就是量子力学的奠基人——德国的普朗克。要理解爱因斯坦的解决方案，我们必须先来讲讲普朗克的故事。

光电效应就好比有个搬运工要把货物搬到二楼，他只收单张 100 元的钞票

钢水的温度

在 19 世纪中后期，西方国家已经进入了工业时代，各个主要工业国家都在大炼钢铁。在钢铁的生产、加工、处理过程中，钢水的温度对产品质量起着至关重要的作用，但普通的温度计碰到钢水，那不是爆表的问题，而是直接被熔化了。你知道当时的人们是怎么测量钢水温度的吗？答案可能会令你吃惊——他们就只能用眼睛看。钢铁在被加热的过程中，先是微微发红，然后从微微发红变得通红通红，再变成黄色。假如温度更高，就会变成青白色，这就是我们常常说的“白热化”。有经验的炼钢工人通过观察钢水的颜色，就能估算出温度，但这种方法的精确性就很难得到保证了。

有一个非常精确的数学公式，通过测量钢水的颜色，就能精确计算出钢水的温度，这个公式被科学界称为“黑体辐射公式”。那为什么要叫“黑体辐射公式”，不叫“钢水发光公式”呢？因为科学家们发现，不仅仅是钢，任何物质被加热，都会发光，而且光的颜色都会呈现与温度相关的规律性变化。看来，这是一个非常普遍的规律。所以，科学家们就需要用一个抽象的物理概念——黑体，假想一种理想化的纯黑的物质，然后再假想它从纯黑的状态慢慢被加热发光。光是一种辐射能量的现象，所以，这个公式就被叫作“黑体辐射公式”，来描述物体的温度与发光颜色之间的普遍规律。

科学家希望能有个公式，通过测钢水的颜色就能算出钢水的温度

那光的颜色是由什么决定的呢？根据波动学说，光的颜色是由光的频率决定的，所以黑体辐射公式也就是温度与光的频率之间的数学公式。

黑体辐射公式

这个问题被提出来后，没过多久，科学家们就找到了两个数学公式。你可能感到奇怪，怎么是两个数学公式呢？难道不是有一个就足够了吗？对，这事说起来还有点复杂。理论上应该只需要一个数学公式，但问题是科学家们发现，他们无论如何也无法用一个数学公式来描述光的频率与黑体温度的关系。他们找到第一个公式的时候，发现用这个公式来计算，光的频率越高，与实验的结果就相符得越好。但随着频率的降低，实验结果却越来越偏离计算值。于是，有些科学家又找到了第二个公式。这个公式和第一个公式的特点刚好相反：频率越低，计算值与实验值符合得越好。但随着频率的升高，计算结果会偏离得越来越大，以至于计算结果会趋向于无穷大。科学界把这种明显不正确的结果戏称为“紫外灾难”。科学界面临的情况就好比做了两套衣服，一套衣服的裤子很合身，但是上衣却硕大无比；还有一套衣服呢，是上衣很合身，但裤子却小得不得了，根本没法穿。所以，在实际工作中，他们只好把这两套衣服各扔掉一半，凑合着穿。

两个公式就好比两套衣服，都无法恰当描述光的频率与黑体温度的关系

有一位叫普朗克的德国科学家对这套各取一半的衣服相当不满，他发誓要重做一套衣服，也就是用一个统一的数学公式来描述黑体辐射问题。普朗克是一个非常厉害的数学家，他仔细研究了原来的两个公式，然后完全靠着高超的数学技巧，硬是凑出了一个数学公式。这个数学公式刚好能弥补前面两个的不足，使得光的频率不论怎么变化，计算结果都与实验结果相符合，这个公式就被称为“黑体辐射公式”。

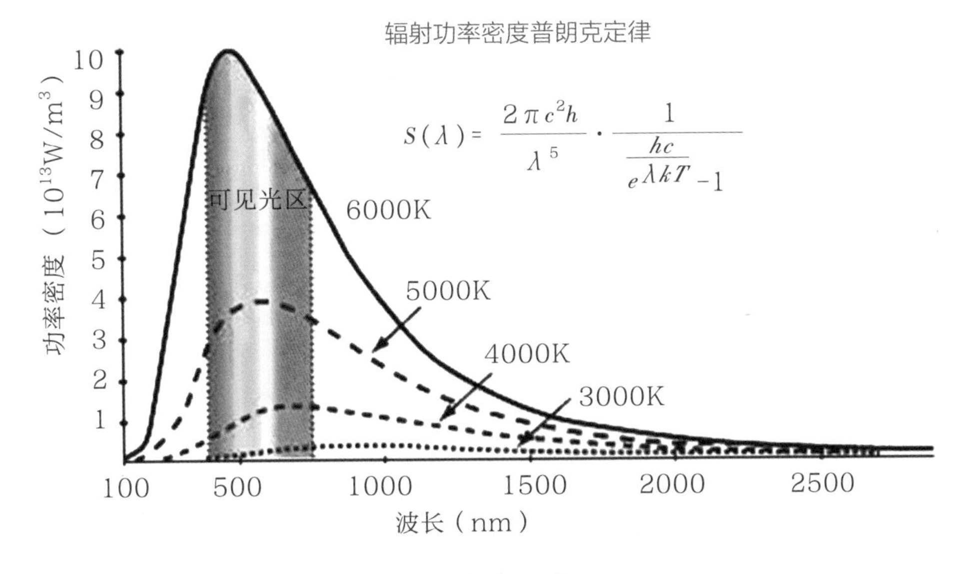

黑体辐射公式

按理说，普朗克应该为取得的成功感到高兴才对，可是，他却一点儿也不高兴，因为这个公式中有一个连他自己都觉得很怪异的假设。这个假设就是：能量有一个最小单位，而高温的物体发射出的某种频率的光则是一份一份发射出来的，并不是连续的。打个比方来说，这个假设把光发射出来的热量比作战场上打炮弹，不管炮弹大小，总要一颗一颗发射，根本不可能只发射半颗炮弹，一颗炮弹就是一个不可细分的最小单位。

能量有一个最小单位，这个最小单位不可再细分

量子化幽灵

但是，普朗克却为这个成功的假设陷入了深深的忧虑之中。为什么呢？因为物理学中一个最基本的信念被他打破了。

以伽利略、牛顿为首的经典物理学家们都有一个最基本的信念，那就是：一切都是连续的，一切都是可以被不断细分的。米可以拆分成厘米，厘米又可以拆分成毫米，只要你愿意，还可以拆分成微米、纳米，没有尽头。也就是说，假如你从 A 点走到 B 点，那么你必然要经过 AB 连线上的任何一点。水温从 0 摄氏度上升到 100 摄氏度的过程中，必然是经过了中间的每一个温度，不可能是跳跃着上升的。但是，普朗克为了推导出黑体辐射公式，不得不推翻了这个观念，他只能假定能量是不能无限细分的，是有一个最小颗粒的，这个假定对传统观念的冲击实在是太大了。

如果一个物理量是一份一份的，是不连续的，那么就被称为“量子化”。但是，普朗克却在量子化的岔路口徘徊不前，不敢沿着这个假设继续往下深入。他自己都难以接受这样的假定，更不要说别人了，所以很长时间内，他的理论都没有什么人愿意接受。然而，让普朗克做梦都没有想到的是，黑体辐射公式成了奏响量子力学这首壮丽交响曲的第一声大鼓，在这之后，物理学的半壁江山都将随之震动。

普朗克在量子化的岔路口徘徊不前

波粒二象性

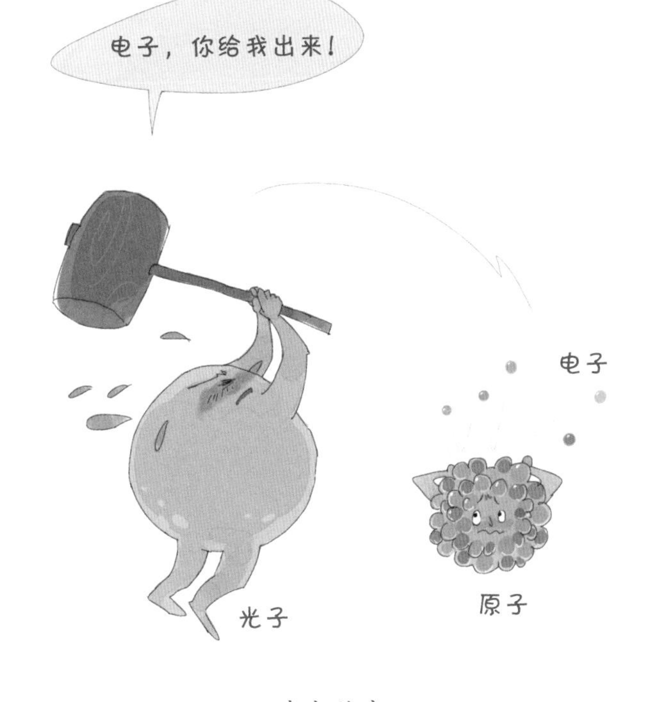

光电效应

正是普朗克的工作启发了爱因斯坦，爱因斯坦将光电效应与黑体辐射公式中的量子化假设联系在了一起。就像黑体辐射公式中所假设的，光的发射是一份一份的。爱因斯坦认为，原子对光的吸收也是一份一份的，他把每一份叫作一个“光量子”，后来又被简称为“光子”。每个光子的能量和频率成正比，意思是说频率越高，能量越大。只有单个光子的能量足够大，才能把电子从原子里边砸出来。否则的话，任凭你怎么砸，都没有用。

这就是爱因斯坦对于光电效应的解释。你可别以为爱因斯坦只是做了一个语言上的解释，他还总结出了完整的数学公式，可以用来精确计算光与电的转换关系。为了精确测定光电效应和爱因斯坦的公式是不是相符，美国的密立根做了 10 年的实验，经历了千辛万苦，终于证明了爱因斯坦的公式是对的。

光电效应清晰地表明，光具有粒子的特性，一颗颗光子就像一颗颗炮弹。牛顿的微粒说来了一次完美逆袭。科学家们终于认识到，光既是一种波，也是一颗一颗的粒子，是波还是粒子，关键看你如何测量，这就是光的波粒二象性。至此，持续百年的“微波”战争终于以双方的握手言和而告终。科学就是这么奇妙，两个原本看上去并不相容的理论，实际上，它们是不矛盾的。

光既是一种波，也是一颗颗的粒子，这就是光的波粒二象性

好奇不会害死猫

好了，回顾本章内容，我想告诉你的是——好奇不会害死猫。

做科学研究绝不能一个人闷头苦想，一定要有广阔的视角。

爱因斯坦如果不了解普朗克的工作，他就不可能解决光电效应的难题。思考的道理都是相通的，我希望你不要局限于课本上的知识，而要开启好奇心，多看各种各样的课外书，丰富自己的知识结构。

波粒二象性开启了量子力学的大门。然而，科学家们却没有料到，从门后面跑出来的竟是一个幽灵。沿着量子化的假设一路往前，物理学将从此变得令人无比困惑，科学家们也会被这个幽灵折磨得死去活来，甚至连普朗克、爱因斯坦这样的大科学家也不能幸免——他们既是量子力学的奠基人，又竭尽全力维护着传统观念。不过，最终迎接我们的是一片神奇无比的新大陆。下一章我接着为你讲述这个跌宕起伏、波澜壮阔的科学探索故事。

思考题

你在生活中有没有受到别人启发而得出的奇思妙想呢？你有没有见过初看上去互相矛盾的两个现象，最后却发现并不矛盾呢？

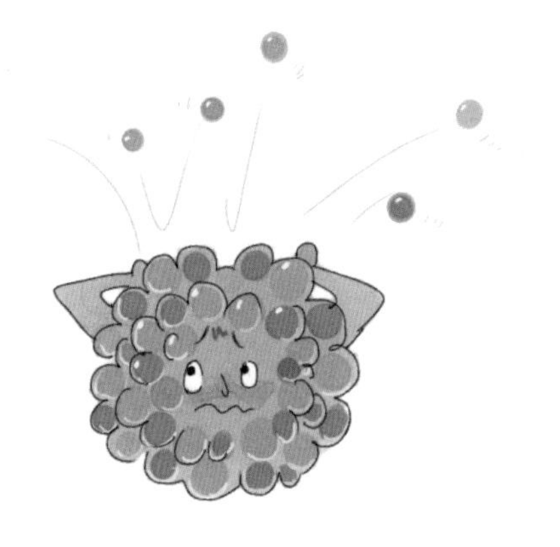

第3章

玻尔的模型

扫码观看
本章视频

轰击原子

上一章我们说到，光的波粒二象性开启了量子力学的大门。而量子力学的研究对象是肉眼看不见的微观世界，打开这个世界的关键是弄清楚原子的结构。第一个在原子结构研究上取得突破性进展的就是著名的物理学家卢瑟福。

1909 年，卢瑟福指导他的学生完成了一个非常著名的实验，那就是 α 粒子散射实验。α 是一个希腊字母，大家不要被这种专业名词吓住了，它只是一个名称罢了，你把它想成西瓜粒子、苹果粒子都行。这个实验在历史上有着非常重要的地位，为了详细说明这个实验的原理，我们来打个比方：打仗的时候，双方隔着阵地对峙，因为是夜里，我们什么也看不见，我们该怎么侦察敌情呢？很简单，抬起机关枪朝着对面乱打一气呗！假如对面一点儿反应都没有，大概对面一个敌人都没有，就是空荡荡一片；假如对面某处偶尔飞过来几颗子弹，大概那里会有很少几个敌人。这种招数叫作“火力侦察”。

卢瑟福的办法其实有异曲同工之妙。他们将 α 粒子当作炮弹，对着一张薄薄的金箔开火。结果发现，发射的 α 粒子大多数有去无回，笔直地穿了过去。这说明金原子内部其实是空荡荡的，什么也没有，否则也不会炮轰了半天，什么都没碰到。但是，真正让卢瑟福大吃一惊的是，居然还有十万分之一的炮弹被完全反弹了回来，这个结果可是让他惊讶不已。他自己后来回忆说："这是我一辈子中遇到的最不可思议的一件事情，这就好像用一门大炮对着一张纸轰击，打了十万发炮弹出去，全都直接穿透那张纸（这太正常了），但第十万零一发炮弹打过去，这发炮弹居然没有穿过纸，直接被反弹了回来，打着了自己。"这说明了什么呢？

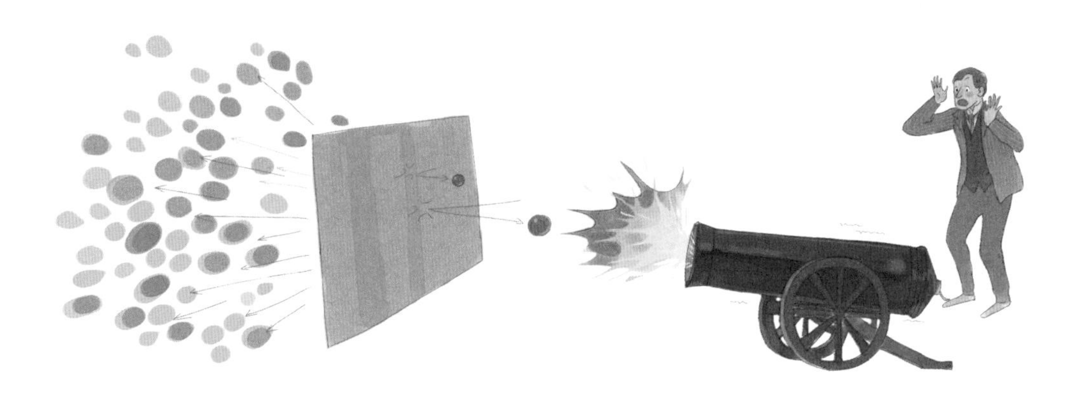

α 粒子散射实验示意图

原子的结构

这只能说明仅有十万分之一的炮弹迎面撞到了一个非常硬、非常重的东西。要是不硬，早就被炮弹打碎了，碎渣渣到处乱飞。为什么说这个东西非常重呢？只有被撞的东西比炮弹重得多，炮弹才有可能被完全反弹回来。

卢瑟福根据散射实验的数据做出了一个推断：金原子其实是虚胖，内部几乎是空空如也，只有一个体积非常小，但是重量非常大而且非常结实的硬核，这个硬核就被称为“原子核”。

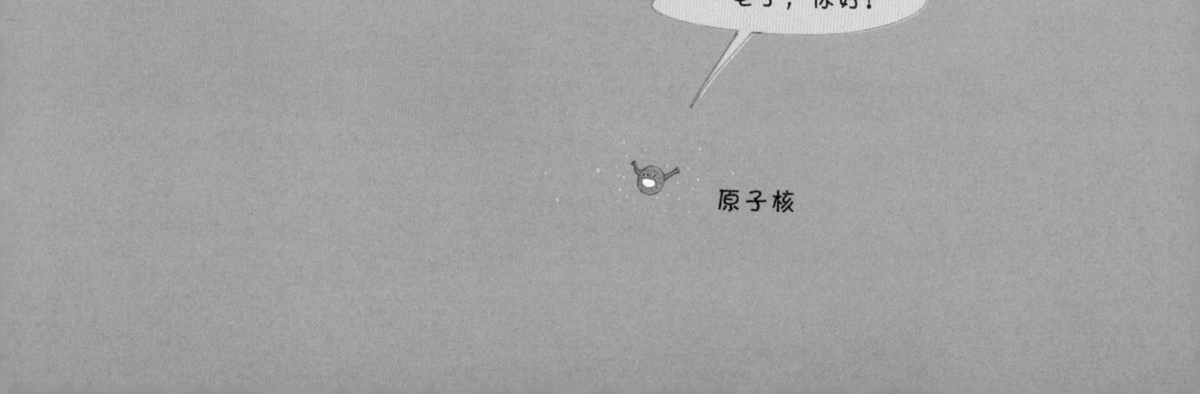

假设原子核像黄豆一样大，原子就像足球场一样大
电子，你好！
原子核

原子核的发现是原子结构研究的一项突破性进展，又经过了很多科学家的反复验证，科学界最后对原子的结构达成了基本一致的观点。他们认为，首先，原子的内部绝大部分是空的，如果假设原子有一个足球场那么大的话，那么原子核就像一粒黄豆那么大，另外还有一种像灰尘那么大的、叫作电子的带电微粒分布在原子核的周围。但原子核与电子到底是怎样的关系呢？这对当时的科学家们来说是一个谜题，因为原子核和电子都实在是太小了，根本无法看到。

发现原子核的卢瑟福教授就做出了一个猜测。他觉得原子就像是一个微小的太阳系，原子核就像太阳，而电子就像行星一样围绕着原子核旋转，旋转轨道在一定范围内任意分布。这是一个非常优美的模型，让宏观世界和微观世界达成了和谐统一。每一个原子都是一个微小的太阳系，这多美妙啊。卢瑟福教授对自己想出的这个原子行星模型感到挺得意的。

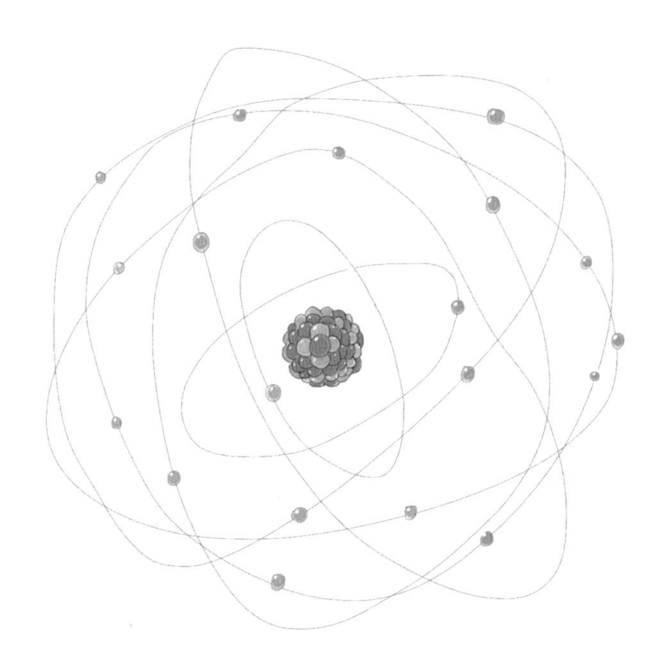

电子就像行星一样围绕着原子核旋转

玻尔对导师的不满

可是，卢瑟福却不知道，自己的实验室中有一位年轻帅气的博士后小伙子对导师的这个模型很不以为然，只是嘴上不说而已。这位来自丹麦的小伙子就是科学史上大名鼎鼎的玻尔，但当时的玻尔还只是一位 27 岁的小伙子，江湖上还没有他的名号。

玻尔为什么会对行星模型不满意呢？原来，如果按照当时科学界公认的经典电磁理论，电子就应该坠毁在原子核上。这是因为电学实验表明，环形的电流就一定会产生电磁波，而电磁波会带走能量，而电流就是电子的运动，所以，如果电子是绕着原子核在转圈圈，那也一定会辐射出电磁波。

这就好像人造卫星在太空轨道上运行，因为气体分子会对卫星的运动造成阻力，于是卫星就会损失能量，运行速度越来越慢，然后就会一圈比一圈转得小，最后一定会掉进大气层烧毁。我国的“天宫一号”空间站就是这样坠毁在了南太平洋。

对于原子内部，道理也是类似的。电子的能量被电磁波带走后，按理说，电子的轨道也会越转越小，最后坠毁在原子核上。可是我们都知道，这样的事情根本没有发生，原子历经了千年万代也还是好端端的。所以说，要

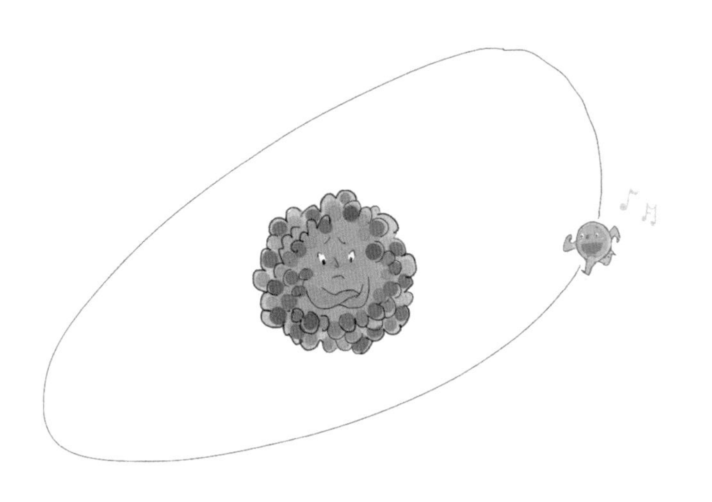

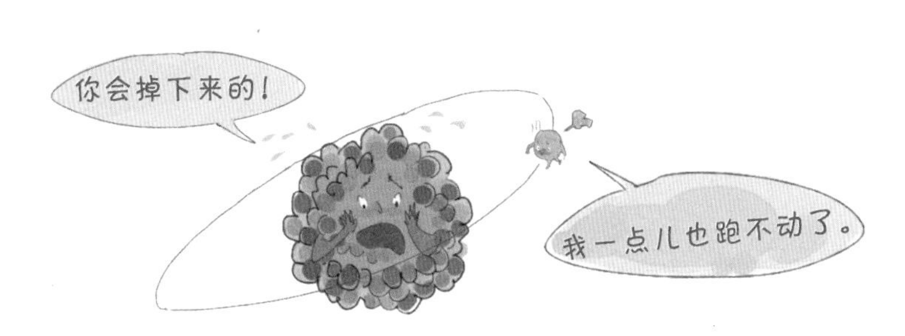

电子的能量被电磁波带走后，电子的轨道也会越转越小，最后坠毁在原子核上

么是原子的行星模型错了，要么就是经典电磁理论错了。

玻尔从普朗克那里获得了灵感，冒出了一个绝妙的想法。还记得吗？我们上一章说过，普朗克提出能量是不连续的，有一个最小单位。玻尔想，既然能量可以不连续，那电子的轨道半径也可以是不连续的呀，这就叫作“量子化”。这个想法对于当时的物理学界来说，是一个非常怪异的想法。

为什么怪异呢？这就好比玻尔给原子周围的空间规定出了高速公路，就好像是北京市的环线，电子就好比是一辆车，只能在环线上开。电子可以从二环突然跳到三环，或者从三环突然跳到二环，但是，它不可能在环线与环线之间运动，因为那里根本没有路。

电子的运行轨道是不连续的

电子的运行轨道是一环一环的，而且从这一环跳到另外一环是不需要经过任何空间的，这听上去很有趣，可凭什么空无一物的空间会被分割成一个个环呢？电子又怎么可能做到瞬移呢？对于当时大多数的物理学家来说，这个想法纯属异想天开。

玻尔模型的成功与烦恼

但是，玻尔却沉醉在自己的模型中，他发现有很多自然现象都可以用这个模型做出统一的解释。比如说，这个模型能解释为什么彩虹的颜色是一道一道界线分明的。玻尔认为，电子只有从外圈跳进内圈的时候，才会发射出能量，也就是一个光子。也就是说，电子从五环跳到四环就会发射出一个红色光子，而从四环跳到三环就会发射出一个绿色光子。如此这般，正因为

光谱线的排列和位置各不相同

电子只能在几个能级之间跳来跳去，所以发出的光也就只能是固定的颜色。

乍一看，玻尔的这个模型只是一种概念性的解释，其实不然。玻尔在做了一些基础假设后，就能够用数学成功地计算出很多实验结果，例如氢元素的光谱线。光谱线也被称为元素的条形码。每一种元素在燃烧时发出的光，如果用分光镜仔细观察，都能找到一根一根明亮的细线，这些细线的排列和位置各不相同，这被叫作光谱线。这个成就在当时引起了巨大的轰动，大家就把玻尔的这个学说叫作“量子论”。

但是，玻尔的模型也遇到了很多无法解释的现象。比如，原子带的电子一多，他的理论就不灵了。玻尔的量子论，有人喜欢，有人不喜欢。喜欢的人就不停地补充，遇到一些解释不了的现象，他们就会假设轨道并不是标准的圆，而是一个椭圆；后来椭圆也不行了，就假设是一种复杂的花瓣曲线。总之，补充越来越多。

可是，不管怎么补充，玻尔的模型依然面临一个巨大的麻烦，那就是，它没有解决和经典电磁理论的矛盾。玻尔，你不是自己说，电子如果绕着原子核转圈就会辐射出电磁波，带走能量吗？那为啥你给电子规定了轨道后，同样是转圈，就不会辐射出电磁波带走能量了呢？面对这样的质疑，玻尔也无法解释。

玻尔的模型补充说明越来越多，却依然没有解决和经典电磁理论的矛盾

薛定谔的波动方程

此时，在奥地利，有另外一位比玻尔小两岁的物理学家就对玻尔的模型很不屑，这个人叫薛定谔。他对电子轨道量子化的想法烦透了，空间怎么可能是被分割成一环一环的呢？空间中的一切就应该是连续的，这才是最自然、最优美的。但科学理论可不是随便拍拍脑袋想出一个不同的模型就够的。如果只是画个图、想一个结构模型的话，那我一晚上也能想出好几个来，比如，能不能是奶油蛋糕模型呢？能不能是马蜂窝模型呢？科学家们不但要给自己的理论定性，更重要的是定量。就是说，必须要把你的模型总结成数学公式，利用这些数学公式能够计算出各种各样已经被实验所证实的现象。

薛定谔也在为电子的模型冥思苦想着，他想到了光子的波粒二象性。我们在上一章讲过，光既是粒子也是波，是波还是粒子，关键看我们用怎样的测量方式去测量。薛定谔就想，既然光子可以是波粒二象性的，那电子有没有可能也是波粒二象性的呢？如果把电子看成是一种波，那么很多现象就不需要人为地引入量子化的规定了。比如说，我们观察水中的涟漪，会发现这些涟漪自然而然地呈现一个个不连续的环形结构，每一个环其实

薛定谔

都是一个水波的波峰。波峰和波谷随着时间的变化而变化。

薛定谔在这个假设的基础上提出了一个方程式，被称为“薛定谔的波动方程”。利用这个方程，完全不需要人为的量子化规定，自然而然就可以计算出光谱线。薛定谔凭借着这个波动方程一举成名，一时间，江湖上无人不知，无人不晓。至于他后来放出那只家喻户晓的猫，则是后话，咱们按下，暂且不表。

玻尔不买账

可是，对于当时的很多物理学家来说，“电子是一种波”这个观念是完全难以接受的。为什么呢？不是大家都能接受光子的波粒二象性吗？怎么就不能接受电子的波粒二象性呢？关键的问题还是在于实验。要知道，物理学是一门基于实验的学科，没有实验的支持，一切理论就像是空中楼阁，不管有多华丽，都很难让人相信。以当时科学家们的实验条件，根本没有办法把光切割成一个一个的光子，不论在什么条件下，光看上去都是连续不断

物理学是一门基于实验的学科

的，这才让物理学家们相信光是由粒子聚合成的波。科学家们觉得，这种粒子的聚合虽说有粒子的特性，但实际上这些粒子是不可能分离出来的，它们只是在理论上具备粒子性。

但电子就不同了，当时的物理学家们能在实验室中非常明确地发射出一颗一颗的电子，让它们在荧光屏上留下一个个的亮点。看上去，电子就像是一颗一颗的小球，是非常明确的一个一个的粒子，不论怎么看，都不像是波。所以，对于薛定谔的波动学说，第一个不买账的人当然就是玻尔。他把薛定谔请到了自己的老家哥本哈根，在一帮以玻尔为首的年轻学者的轮番轰炸之下，薛定谔果然招架不住了。玻尔自己也没完没了地和薛定谔讨论问题，最后薛定谔竟然累得大病了一场，灰溜溜地回了家。

薛定谔招架不住玻尔的轮番轰炸

科学不爱求同存异

好了，回顾本章讲的故事，你会发现——科学是不讲求同存异的。科学与文学、艺术、哲学的最大不同就是，科学是排斥求同存异的。

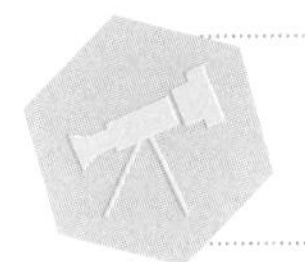

面对同样的现象，不同的理论必须要经过激烈的竞争，最后胜出的只有一个或者合并成一个统一的理论。

所以，你会看到，在科学史上，科学家与科学家之间辩论、打赌都是常有的事情。

玻尔虽然在嘴上赢了薛定谔，自己的麻烦却并没有真正解决，并不能真正地以理服人。

万幸的是，一位比玻尔小 6 岁的德国青年正在茁壮成长。此时的他正在如饥似渴地学习着前辈普朗克、爱因斯坦、玻尔、薛定谔的理论，这位青年即将以一种更加怪异的方式完成对玻尔的量子论的救赎，他就是著名的德国科学家海森堡。这又是怎么一回事呢？咱们下一章揭晓答案。

思考题

著名科学家霍金在一生中曾经与人打过好几次赌。我想请你自己上网查一查，都是哪些赌局，结局是什么。

第 4 章

不确定性原理

海森堡

1924 年，玻尔在丹麦的研究所迎来了一位风华正茂的年轻人，这位 23 岁的德国小伙子就是后来名震天下的海森堡。

海森堡是个标准的德国好小伙。他出生于 1901 年，也是个“00 后”，只不过是 20 世纪的“00 后”。海森堡从小就非常聪明，1920 年，19 岁的海森堡就已经投到了物理学名师索末菲的门下学习。在索末菲去美国访问期间，海森堡去了德国著名的哥廷根大学，又投在了著名的玻恩老师的门下。他的这两位老师在科学史上那可都是大名鼎鼎的。俗话说，名师出高徒，放在海森堡身上可以说是恰如其分。更可贵的是，他有深刻的物理学见解，敢于对权威发起挑战。

海森堡意识到，玻尔假定原子中的电子是在绕着圆形轨道运行，而老师索末菲则假定是一个椭圆形轨道。海森堡并没有因为玻尔和索末菲的名气而全盘接受，他产生了怀疑。他就想，我们只是在实验中观测到了电子在不同的能级之间跳来跳去，但是，能级就一定等于轨道吗？

海森堡设想了一个不需要用到运行轨道的模型，他自己发明了一套在别人看来很奇怪的数学模型来描述电子的运行规律，尽管这个数学方法很奇怪，但是却能精确地计算出原子的光谱，计算结果一点儿都不比玻尔的计算结果逊色。这套很难懂的数学方法有一个很酷的名字，叫矩阵力学，这是海森堡最为出名的成就之一。

海森堡对电子的圆形轨道
和椭圆形轨道产生了怀疑

电子在哪里？

海森堡在 1924 年受到玻尔的邀请来到丹麦参与工作。在 3 年多的时间中，玻尔与海森堡亦师亦友，结下了深厚的友情。

玻尔与海森堡

当时薛定谔提出的波动方程非常流行，后来玻尔把薛定谔请到哥本哈根，和大家讨论了一番，甚至把薛定谔累得大病了一场，也没讨论出个所以然。当时他们争论的焦点是：薛定谔的数学公式的物理意义到底是什么呢？假如一切都是波，那什么又是粒子呢？难道粒子反而是假想出来的东西吗？

总之，在那个年代，几乎所

有的物理学家都在讨论着微观世界中的各种奇奇怪怪的现象，这些现象与我们在日常生活中所见到的现象差别实在是太大了。比如说，海森堡的老师之一，著名的物理学家玻恩就提出了一个有趣的想法。他说，薛定谔的方程表明，电子的位置是随机的，我们可以测量出这一秒电子在哪里，可是我们永远无法精确预测下一秒电子会在哪里。我们只能知道电子出现在某处的概率，根本就没办法精确预测。

海森堡也碰到了类似的问题，他尝试用矩阵力学来计算电子的运行轨迹，但是失败了，根本算不出来。回到德国后，海森堡就有了一个极为深刻的观念，这个想法可不得了，一下子就把牛顿、拉普拉斯等老前辈们几百年来辛辛苦苦建立起来的经典信念给摧毁了。

无法精确预测电子会出现在哪里，科学家毫无办法

测不准原理

这是怎么回事呢？原来啊，海森堡发现了一个惊人的自然真相，那就是，人类无论用什么样的方法，永远也不可能消除测量的误差。过去的科学家们总认为，只要我们的测量工具足够好，就能把目标对象测量得要多精确就有多精确。比如说，有一列火车从 A 点运动到 B 点，如果我们想要测量这列火车的运动速度，只需要测量 AB 之间的距离和火车跑完全程的时间。如果想要测量某一个时刻火车在 AB 之间的哪个位置，我们只要掐着表，在指定的时刻拍照就可以了。虽然现在我们的测量工具还不够好，总是会产生一些误差，但不代表未来人类的测量工具也一定有误差。只要我们能制造出足够精确的测距仪器和计时仪器，火车的运动速度和位置都是能够精确测量的。这个观念在海森堡之前没有人反对，大家都觉得这是天经地义的，谁敢打包票说未来人类也制造不出足够精确的测量工具呢？毕竟未来是无限长的，未来充满了无限可能。

但是，海森堡却无情地告诉人们，如果那列火车是一个电子的话，那么就对不起了，我们永远也不可能同时把电子的运动速度和准确位置给测量出来。这是因为我们不论使用了多么精确的测量工具，也一定会顾得了这头而顾不了那头。测准了速度就别想测准位置，反过来，测准了位置就别想再测准速度了。这是什么道理呢？

因为我们的测量行为本身一定会干扰电子的运动。换句话说，在微观世界，我们想要测量一个电子，但又不想打搅它，这不可能，连门儿都没有。这又是为什么呢？因为我们的任何测量行为，从本质上来说，都是观察从物体上反射回来的光。比如我们用眼睛看任何物体，真正看到的实际上是物体反射回来的光而已。所有被测量的物体一定要被光照到才行。当然，这里的光不仅仅包括可见光，也包括像 X 射线这样的不可见光。

我们永远也不可能同时准确地把电子的运动速度和位置测量出来

海森堡的观点的深刻性在于，既然光是由一颗颗的光子组成的，那么这些光子就像一颗颗的子弹，用它们去照射电子，就好像用子弹去打击另一颗子弹，在被光子击中的那一刹那，电子的运动状态就必然改变了。我们想要测量一个电子的速度，那必然要测量电子在运动路线上的两个点的位置。现在好了，只要你测量了任何一个点的位置，电子的运动状态就被破坏了，电子到达另一个点的时间也就与原先不同了。因此，想要同时测准电子的位置和速度，从理论上来说就没有了可能性。

海森堡把他的这个原理称为“测不准原理”，并在 1927 年发表了一篇论文，讲述了这个思想。论文一出，就引起了学术界很大的反响，因为自从牛顿创立了牛顿力学以来，科学家们都有一种信念——只要我们拥有足够好的测量工具和计算工具，一切物质运动的过去和未来都是可以精确计算的。但是，海森堡的发现却摧毁了这个信念——连测都测不准，就更不用谈什么计算了。

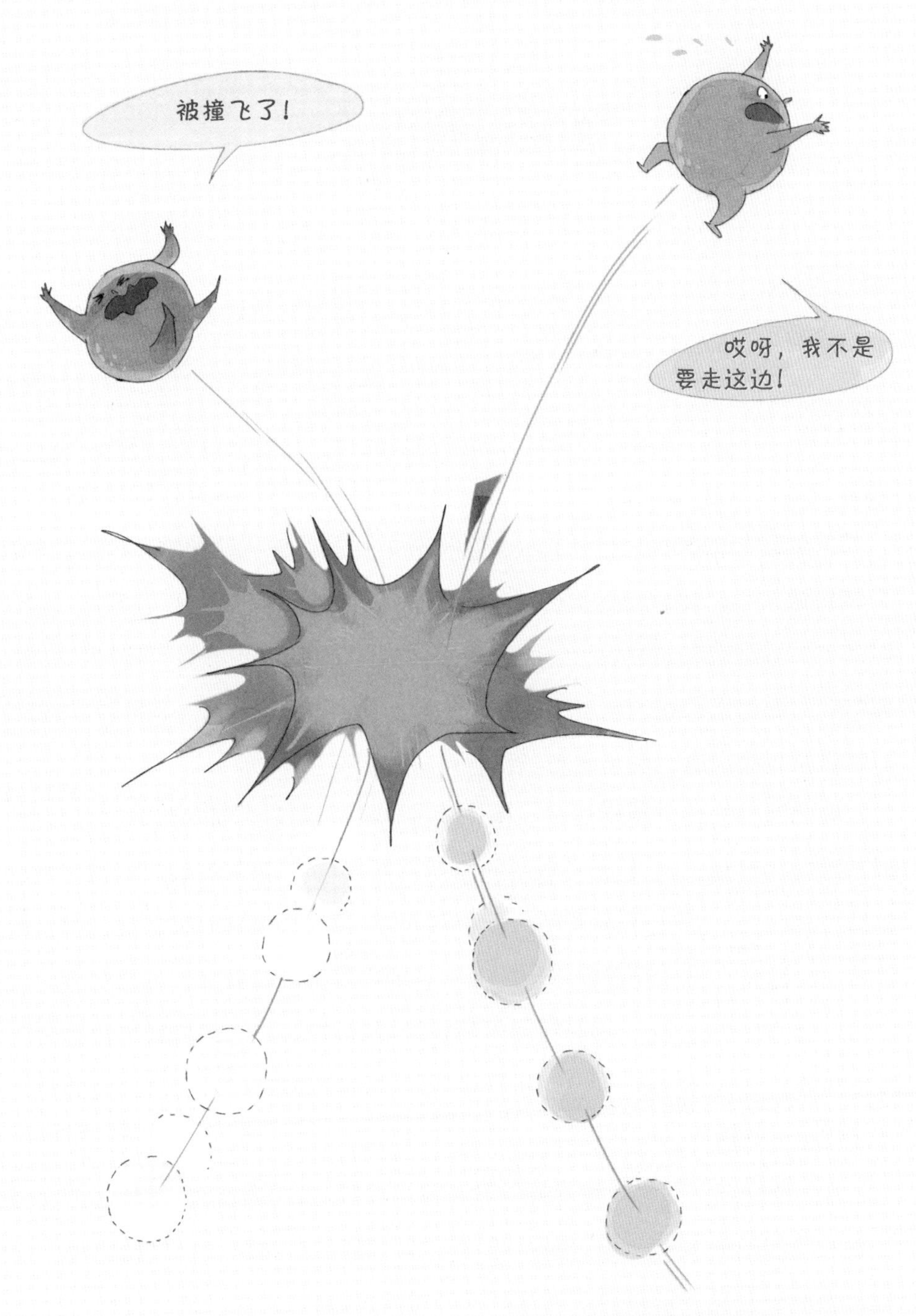

在被光子击中的瞬间，电子的运动状态就改变了

玻尔的奇思妙想

远在丹麦的玻尔也看到了海森堡的论文，他细细一琢磨啊，不得了，他突然想通了一个困扰他多年的问题。他一拍大腿，惊叫道：“海森堡老弟，你错了！不是错在你挑战了经典观念，而是错在你胆子还不够大啊！”原来，玻尔受到海森堡思想的启发，提出了一个大胆十倍的想法，这个想法一出啊，那才真叫离经叛道，甚至激怒了科学巨星爱因斯坦。

玻尔提出的这个新想法是：电子的速度和位置无法同时测准这没有错，但不是因为测量行为干扰了电子的运动，而是因为电子根本就不存在准确的速度和位置。薛定谔是对的，但也只对了一半，电子也像光子一样，既是粒子又是波。当你测量电子的时候，它就表现为一个粒子；而当你不测量它时，它就是波。玻尔终于想通了为什么电子在轨道上绕着原子核转却不发出电磁波，原因很简单，电子根本就不是绕着轨道转，而是以波的形式弥漫在整个轨道上。

怎么理解玻尔的这个观点呢？我们来打个比方，假如我们把电子的轨道比喻成城市的环城高速路，那么电子不是一辆在高速路上行驶的汽车，而是无所不在但又无迹可寻。我用一个你熟悉的比喻来讲一遍，你可以把电

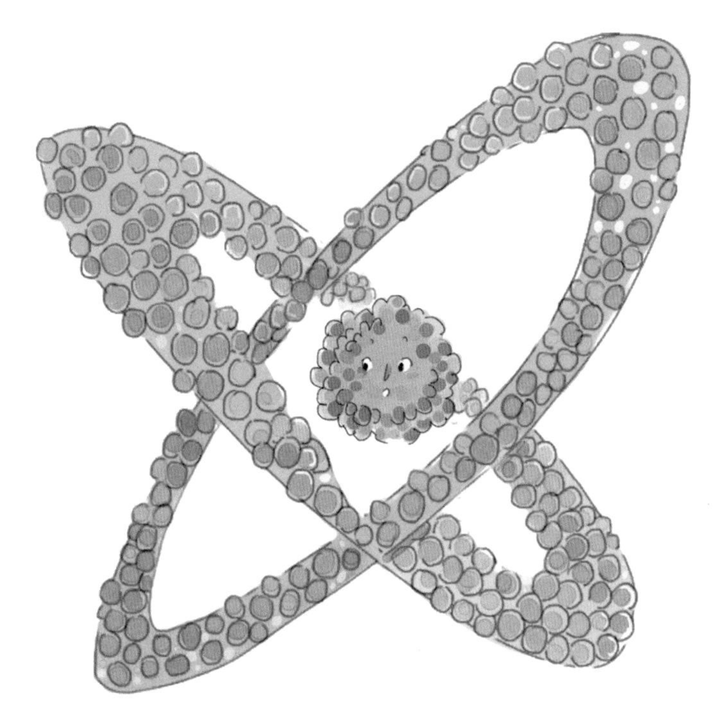

电子不是绕着原子的轨道转，而是以波的形式弥漫在整个轨道上

子想象成打地鼠游戏中那个不断冒头的地鼠，它在这条高速路上的任何一个地点都有可能突然冒头。每次我们测量电子，就像是用锤子打冒头的地鼠。我们可以在 A 点和 B 点都打到地鼠，但是，地鼠却不是从 A 点运动到 B 点的，而是从 A 点消失，直接在 B 点出现的。

但这个比喻依然不够准确，因为在这个比喻中，当我们不测量电子的时候，我们仍然把它想象成是一颗微小的粒子。实际上，玻尔的意思是说，在我们不测量电子的时候，电子没有实体的形状，它是一种波，就好像是涂在面包上的黄油。它弥漫在整条路上，有些地方厚一些，有些地方薄一些；厚的地方表示被测量到的概率大一些，薄的地方表示被测量到的概率小一些。但是，黄油的厚和薄又不是固定不变的，而是随着时间的演化呈现周期性的变化，波的本质不就是一种周期性的变化吗？

测量电子，就像打地鼠

量子力学第一原理

如果还用打地鼠的游戏来比喻，真实的情况是：我们的每次测量行为，并不是锤子刚好打到了冒头的地鼠，而是当一锤子打下去时，有时候什么也打不到，有时候会瞬间让弥漫在整条路上的电子波收缩为一个点，看上去就好像打到了地鼠，实际上地鼠本身就是因为锤子而形成的。在这里，原因和结果是纠缠在一起的，你说不清到底是电子被锤子打到了，还是锤子让电子波聚拢成一个点了。决定锤子是否能打到地鼠的是命中概率，谁也无法确保一锤子下去必定能打到地鼠。10% 的命中概率就是说你打 100 次，会打中 10 次，但你永远也无法预测到底是哪一次能打中。

说了那么多，只是想让你知道，玻尔的核心思想就是，只要我们不去测量电子，它的状态就永远处在不确定中，没有确定的位置，也没有确定的速度。任何测量行为，只能让我们知其一，不可能两个都知道。这就是量子力学的第一原理——不确定性原理。后面你要看到的所有令人难以置信的现象都有它的身影。

测量是一切科学研究的基础

好，回顾本章内容，我想告诉你的是——科学研究离不开测量。

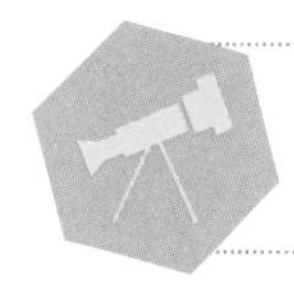

没有测量就没有科学，任何不能被测量的对象都不是科学研究的对象。

海森堡和玻尔都是在努力思考怎么测量电子的位置和速度时，才做出了伟大的科学发现。

不过，玻尔的这个奇思妙想却激怒了一位物理学界的超级大师级前辈，还能是谁呢？当然就是爱因斯坦了。在爱因斯坦的观念中，一切都是确定的。我们知道了一个粒子的位置，知道了一个粒子的速度和方向，我们就能够计算出下一时刻这个粒子出现在何处。现在海森堡和玻尔这两个小伙子居然说，这两者不可得兼，测准了一个，另一个必定是测不准的。那么对这个粒子的未来状态，我们根本就没办法判定。按照玻尔的说法，电子根本就不是在绕着原子核转圈圈，我们甚至不可能知道电子走了什么路径，我们只能知道电子在某处出现的概率。甚至当我们不测量的时候，电子就是无处不在的波，只有在我们测量的那一刻，它才表现得像是个粒子。

说实话，爱因斯坦第一次听到这些说法的时候，是不接受的。在他看来，这岂止是离经叛道啊，简直就是大逆不道了！什么叫不确定？什么叫只有概率？这些都是彻底违背当时大多数科学家对自然规律的基本信念的。所以，爱因斯坦在听到了玻尔的观点时，怒斥道："玻尔老弟，上帝[1]不是扔

玻尔与爱因斯坦针锋相对

---

① 爱因斯坦用"上帝"来指代"自然规律本身"。

骰子的赌徒！”玻尔则反唇相讥：“爱因斯坦先生，你别指挥上帝干什么好吗？”

但是，我们都知道，任何物理理论都需要实验或者观测的证据。没有证据，一切都是空谈。玻尔的不确定性原理到底有没有实验依据呢？还真有一个古老的实验，或许能证明玻尔是对的，而这个实验我们在第一章就讲到过了，它在玻尔提出不确定性原理的100多年前就做过了，只是做这个实验的人万万没有想到，它会在100多年后的物理学江湖掀起轩然大波，搅得整个科学界都不得安宁，吵架吵到了21世纪都没有停歇。那么，这究竟是哪个实验呢？咱们下一章揭晓答案。

思考题

在我们的日常生活中，有没有什么经常能听到的东西，但它却是无法测量的呢？比如我们经常听到的上火。

第5章

要命的双缝

既是粒子又是波

通过前面几章，我们已经知道，“微波”战争的结果是：光具有波粒二象性。也就是说，光既是粒子也是波。但是，还是有一些物理学家觉得“光

一些物理学家觉得“光既是粒子又是波”很荒谬

既是粒子又是波”这个说法十分荒谬，他们的感觉与你听到“阿黄既是猫又是狗”“这个东西既是金子又是石头”“这只猫既是活的又是死的”时所感到的荒谬是一样的。

在很多物理学家的眼里，波就是波，粒子就是粒子，两者截然不同。比如说水波吧，水分子的上下振动形成了水面上的波纹，我们在水面上看到的涟漪只不过是一种视觉现象，看上去好像有东西在往前传递，其实并没有什么真实的物体在传递，水波传递的仅仅是无形的能量而已；再比如说声波，也只不过是空气分子振动形成的，除了原地振动的空气分子和传递的能量外，再也没有别的什么东西了。水波和声波都不可能是一个个实实在在的小球在水中或空中飞来飞去。

但问题是，光电效应的实验又让物理学家们不得不接受光有粒子的特性。所以，有一些物理学家对这件事情左思右想，总觉得哪里不对劲，但似乎又很难明确说出到底荒谬在哪里。就在这时，突然有人想到了很多年前的一个实验，问了一个问题：“请问，在双缝干涉实验中，单个光子到底是通过了左缝还是右缝呢？”

衍射与干涉

还记得这个双缝干涉实验吗？我们曾经说过，1801年，托马斯·杨做了一个著名的双缝干涉实验，证明了光具有波的干涉现象。万万没有想到，这个实验在100多年后，却在物理学江湖掀起了轩然大波，由它引发的激烈辩论，一直到今天也没有停歇。著名物理学家费曼认为，双缝干涉实验中包含了量子力学的所有秘密。这到底是怎么回事呢？

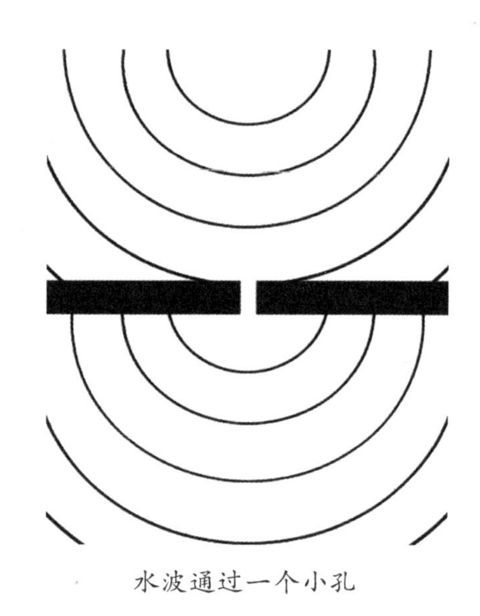

水波通过一个小孔

首先，让我们来了解一下波的“衍射”和“干涉”现象。

不知道你有没有观察过水波通过一个小孔时会发生什么现象，如果你从来没有观察过的话，下次有机会可以仔细观察一下。你会发现，很有意思的是，水波在通过小孔后，又会形成新的水波，就好像那个小孔变成了一个新的波源一样。

这种现象就是波的“衍射”现象，所有的波都有这种现象。波还有另外一种现象，叫作“干涉”，这是两个波相遇的时候会发生的现象。

干涉现象

你观察任何一列波，比如我们用绳子抖一个绳波出去，你就会观察到绳子上的某一个点在隆起和下降。我们把这个点上升到最高处的时候称作“波峰”；下降到最低处的时候，就叫作“波谷”。任何一列波，波峰和波谷总是在进行着周期性的变化。我们在水面上看到的那些波纹，实际上就是波峰的移动。

现在，请你想象一下，你和另外一个小朋友一人拿着绳子的一端，然后你们同时抖一下，分别抖出一个绳波。那么，这两个波会在绳子的中间相遇。此时，你会看到，波峰与波峰相遇的那个瞬间，波峰会变得更高；波峰与波谷相遇的瞬间，振动就会互相抵消。这种现象我们称为波的“干涉”现象。

现在，我们回到托马斯·杨做的那个双缝干涉实验。这个实验简单一点儿描述就是：在一块板上开两条平行的狭缝，距离很近，然后用一个单色点

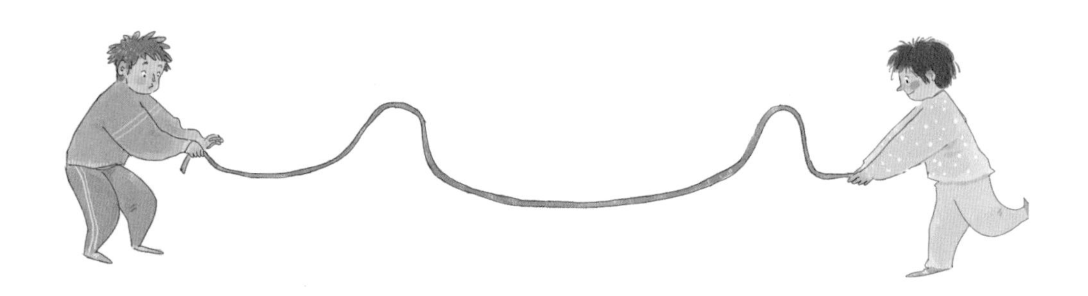

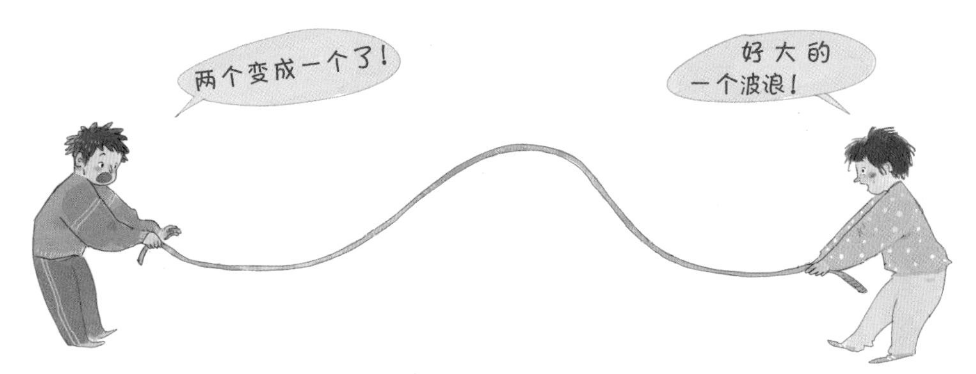

绳子的两个波峰相遇

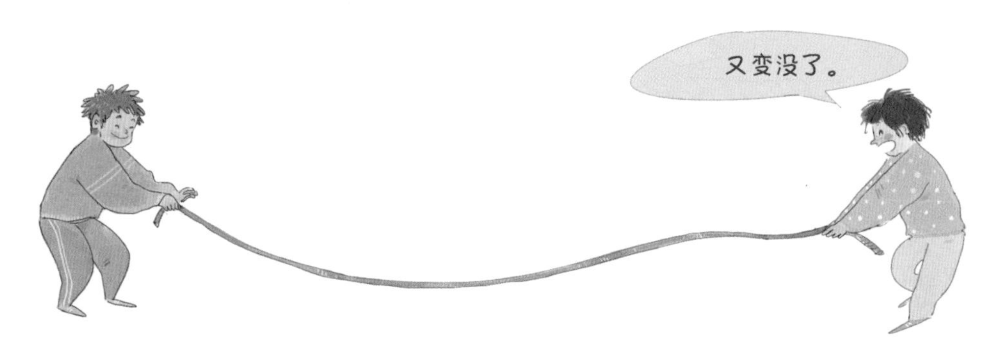

绳子的波峰与波谷相遇

光源照射。光穿过了两道狭缝以后，后面的屏幕上就会出现许多明暗相间的条纹。它的原理就是，光波在通过双缝之后，就相当于从一个波源变成了两个波源，于是两个波源发出来的波就会发生干涉现象。波峰相遇就变得更明亮，波峰与波谷相遇就会变暗，从而在后面的屏幕上形成了明暗相间的条纹。

如果光子是小球

当我们把光看成是波的时候，双缝干涉实验毫不奇怪，这是所有的波都会出现的一种自我干涉现象。但是，如果我们把光看成是由一颗一颗的粒子组成的，那么，问题就来了：在双缝干涉实验中，单个光子到底是通过了左缝还是右缝呢?

这个问题可不得了啊，一传十，十传百，很快就像病毒一样传染了所有的物理学家，他们陷入了苦苦的思索中。这个问题就像是打开了潘多拉魔盒，从此物理学陷入了迷惘、混乱、猜疑甚至神秘之中。有人愤怒，有人抓狂，有人绝望，有人欣喜，有人趁火打劫，有人面壁思过，这场混乱一直持续到今天都没有停歇。那这个普普通通、简简单单的问题为什么会引发如此大的混乱呢？让我一步一步为你详细解释。

我们先从单缝实验开始讲起，假如我们只在挡板上开一条缝，让一束光通过一条狭缝照在后面的屏幕上，会形成一片光亮区域，离狭缝越近的区域越亮，离狭缝越远的区域越暗。光子根据概率分布在屏幕上，离中心越近，光子分布越密集。这就是光的“衍射”现象，这个现象不难理解。

光通过一条狭缝后形成的衍射条纹

现在，我需要你发挥想象力，把一束光看成是无数个小球组成的，那么，这些小球通过一条狭缝后，就排列成了下面这样：

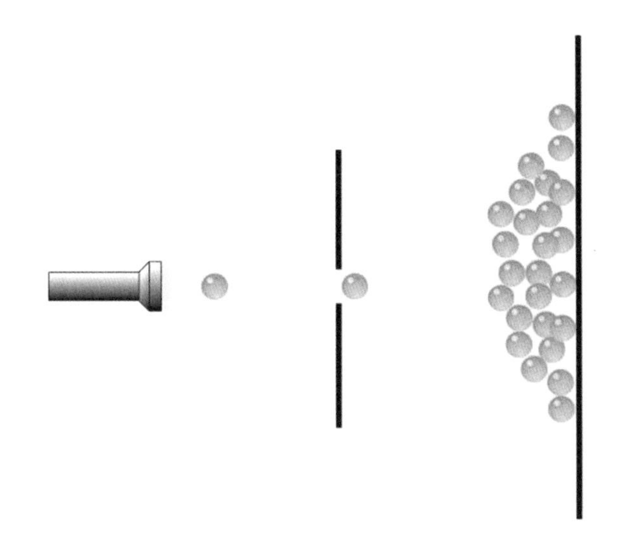

这些小球呈现的分布规律就是中间多，两边少，这个似乎还在我们的常识范围内，还不至于让我们觉得有什么奇怪的。

但是，一旦我们在那条狭缝的边上再开一条狭缝，情况马上会变得很神奇，我们会看到光子就像一支训练有素的军队，排成了整整齐齐的队形。

打开双缝后，光子就像一支训练有素的军队，队形立刻变整齐了

如果还是把光子想象成一个个的小球，那么就像下面这张图显示的：

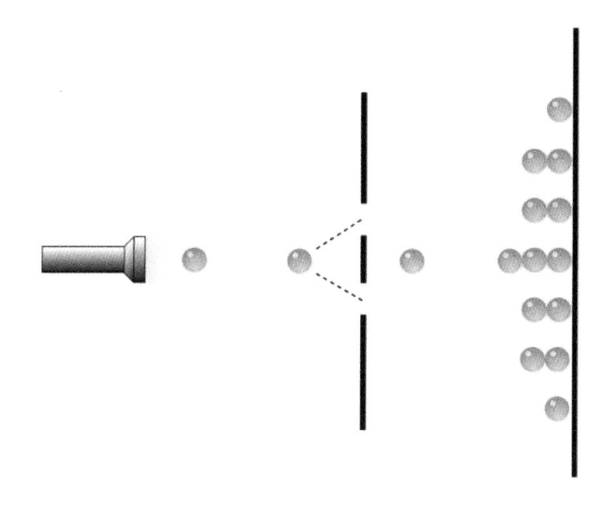

在这张图上，小球多的区域就表示落在上面的光子比较多，所以，看起来就会比较亮；没有光子落到的区域，看起来就是暗的。你有没有觉得很神奇呢？

左缝还是右缝

你是不是也想问：单个光子是怎么知道前面是一条缝还是两条缝的呢？要知道，相对于光子的尺寸来说，双缝之间的距离就好像从地球遥望月球一样远。把这个问题问得更简洁一点儿，就是：单个光子到底通过了左缝还是右缝呢？

正是这个问题，在当时的物理学界掀起了轩然大波，无数的物理学家被这个问题折磨得死去活来，怎么也想不明白。这时候，我们的老朋友玻尔站出来了。

以玻尔为首的哥本哈根学派站出来向大家解释道："我认为，这个问题本身不成立！光子既不是通过左缝，也不是通过右缝，而是同时通过了左缝和右缝。"注意，这里玻尔可并不是指光子会分身术，一分为二，一半通过了左缝，一半通过了右缝，他的意思很明确，指的就是同一个光子同时通过了左缝和右缝。

请相信我，就在你感到莫名其妙的同时，我也跟你一样感到无法理解。如果玻尔说他自己同时通过了凯旋门和埃菲尔铁塔，我一定会认为他脑子坏掉了。不出意外，全世界的大多数物理学家群起而攻之，尤其是爱因斯坦，

爱因斯坦完全不认同玻尔的解释

对玻尔连连摇头叹息，说玻尔丢掉了最基本的理性思想。

难道没有办法用实验来检测光子的运动路径吗？非常困难。因为光子可不是一个足球，世界上还没有那么强大的摄像机能把光子的飞行轨迹录下来，也不可能在光子身上绑一个微型跟踪器，然后全天候跟踪。再说得深一点儿，你想想我们为什么能“观测”到一样东西，照相机、摄像机为什么能把物体的影像拍下来？其本质原因正是在于物体发射出无数的光子或者反射出无数的光子，这些光子在我们的视网膜或者底片上成像，于是被我们“看”到或“拍”到。但如果我们要“观测”的对象就是光子本身，那麻烦可就大了：这个光子如果射到了我们的眼睛里，那它就自然不会跑到左缝那里去，也不会跑到右缝那里去，因为跑到我们眼睛里来了。那有没有可能让光子再反射别的光子？很抱歉，也不能，它没有能力把别的光子反射出来而自己的运动状态又不改变。就好像你用一颗子弹去打另一颗子弹，两颗子弹大小一样的话，是不可能让其中一颗子弹不动，另一颗被反弹回来的。总之要“测量”光子通过左缝还是右缝这个事情，那基本上没有办法。

我们为什么能看到一个苹果

用电子代替光子

不过，好消息是，物理学家又有了一个新的发现：一束电子流跟光一样，也具备波粒二象性。这下好了，记录和测量电子要比测量光子容易得多了，因为电子不但有质量，而且带电，也比光子大得多。我们可以在双缝中各安装一个仪器，测量电子有没有通过这道狭缝。很多物理学家不辞辛劳地苦苦改良实验设备，一次次地提高精度，没日没夜地在实验室挥汗如雨，只是为了证明一个电子确定无疑地通过了某条缝隙，好证明玻尔的解释有多荒谬。

然而，实验结果再次让物理学家们大跌眼镜：一旦在狭缝上装了记录仪，他们确实可以测量到电子通过了某条狭缝，但怪异的是，一旦电子被测量到了，双缝干涉条纹也就消失了，如果不去测量，双缝条纹又会神奇地出现。这种情况实在是太怪异了，物理学家们怎么也想不通，电子的行为怎么还跟测量有关？

不过，这个结果却让一个人开心坏了。

谁啊？还能是谁？当然是玻尔了。他看到这个结果，乐坏了。这不正好证明玻尔关于电子运动的那个怪异想法是正确的吗？我们在上一章说过，玻尔认为电子根本就不像运动的小球一样有一个确定的运动轨迹，而是像抹

科学家想不通，电子的行为怎么还跟测量有关

在面包片上的黄油，它弥漫在整个运动路径上。只有当我们去测量它的时候，它才会聚拢为一个点；如果不去测量，它就是一束波。这就是玻尔在海森堡的测不准原理上发展出来的量子力学第一原理——不确定性原理。可以说，整个量子力学的理论大厦都是建立在这个原理之上的，所以我要不厌其烦地反复提到。

量子力学第一原理——不确定性原理

大胆假设，小心求证

好了，回顾本章的故事，你会发现，科学家们总是在大胆假设，小心求证。科学上的很多重大发现都源于科学家们对常规思维的突破，例如普朗克首先做出了能量的量子化假设，打破了连续性的常规思维。而玻尔则勇敢地提出了不确定性原理，打破了延续几百年的决定论思想。但是，我也必须提醒你，创造性思维和妄想之间也仅仅是一步之遥，没有逻辑和证据的大胆想法只能沦为妄想，而只会想却不会求证，就更不是科学思维。所以，胡适先生才会说："大胆地假设，小心地求证。"

现在，玻尔大胆地提出了不确定性原理的假设，并且把双缝实验的结果作为证据，但是，这却遭到了当时公认的物理学泰斗爱因斯坦的强烈反对。爱因斯坦虽然对实验结果也同样感到震惊，但他认为玻尔的解释太出格了，听起来不像是正儿八经的物理理论，一定会有一个更合理的理论去解释这些现象，只是我们还没找到这个理论罢了。为了反驳玻尔，爱因斯坦调动了全部的脑细胞，想了好多年，终于在1935年，爱因斯坦和他的两个学生波多尔斯基、罗森一起向以玻尔为首的哥本哈根学派放出了一个大招，这个大招史称为"EPR悖论"，你也可以叫它"爱菠萝悖论"。这个大招一出，震惊了全世界，不确定性原理自诞生以来，遭遇到了最大的信任危机。到底是怎么回事呢？咱们下一章揭晓答案。

思考题

同样多的凉水和热水，同时放到冰箱的冷冻室中，哪一个会先结成冰呢？请你运用大胆假设、小心求证的方式，自己找出这个问题的答案吧。

第 6 章

EPR 悖论

电子的角动量和自旋态

上一章我们说到，爱因斯坦极其不喜欢玻尔的不确定性原理，他为了反驳玻尔，冥思苦想了很多年，终于在 1935 年 5 月和另外两位科学家一起想出了一个能够驳倒玻尔的思想实验，这就是名垂千古的“EPR 实验”。如果说玻尔的假说掀起的是轩然大波，那么这个 EPR 实验在日后掀起的就是滔天巨浪了。

玻尔的不确定性原理和爱因斯坦的EPR实验

这到底是一个什么样的实验呢？很遗憾，如果我用爱因斯坦的原始论文来讲解的话，恐怕没有几个人能听明白。好在这个实验的原理经过这么多年的发展，已经有了一个更加通俗易懂的等价版本。那么，请集中精神，咱们要开始一次“烧脑”之旅了。

首先，我要给你讲一个基本概念，就是电子的“角动量”。这个概念是一个很抽象的物理概念，要给你讲清楚它的准确定义，需要用到比较复杂的数学知识。但是没关系，我们不需要理解得很准确，只要能建立一个大致的概念就可以了。让我们先从生活中常见的一些现象开始说起。

不知道你有没有看过花样滑冰比赛，我们经常会看到运动员做出原地旋转的动作，他们会越转越快。如果你细心观察会发现，如果运动员想要转得更快，他们都会做一个同样的动作，就是把自己的手臂从伸展的状态慢慢收拢，双臂收拢得越紧，就转得越快。这其中的科学原理就叫作角动量守恒。所以，通俗地来理解，角动量就是转动扫过的圆面积和转速的乘积，这是一个固定的值，如果面积变小了，速度就必然增大。

花样滑冰运动员收拢双臂就可以转得更快，隐含的科学原理就是角动量守恒

实验发现，电子也有角动量。因为角动量跟旋转有关，所以物理学家们就认为电子具有“自旋”的特性。但我必须强调一句，虽然叫作自旋，但真实的电子并不是像陀螺一样绕着一个轴旋转。那它到底是怎么个转法？说实话，科学家们也不知道，因为他们找不到什么办法能够看清真实的电子，只是通过实验发现了电子具有角动量，然后取名为“自旋”，仅此而已。如果你在各种科普类的视频节目中，看见有人把电子描绘成一个绕着自转轴旋转的小球，你一定要知道，那只是为了描述方便。把电子类比成一个小球，把自旋描绘成我们大多数人能理解的那种旋转形式，并不代表真实的电子是一个小球，更不代表电子真实的自旋是绕着自转轴旋转。

那为什么科学家们认定电子的自旋并不像一个小球的旋转呢？这是有实验基础的。科学家们发现，电子的自旋有一种特别奇怪的特性。物理学家们把这种奇怪的特性称为只有两个自由度。

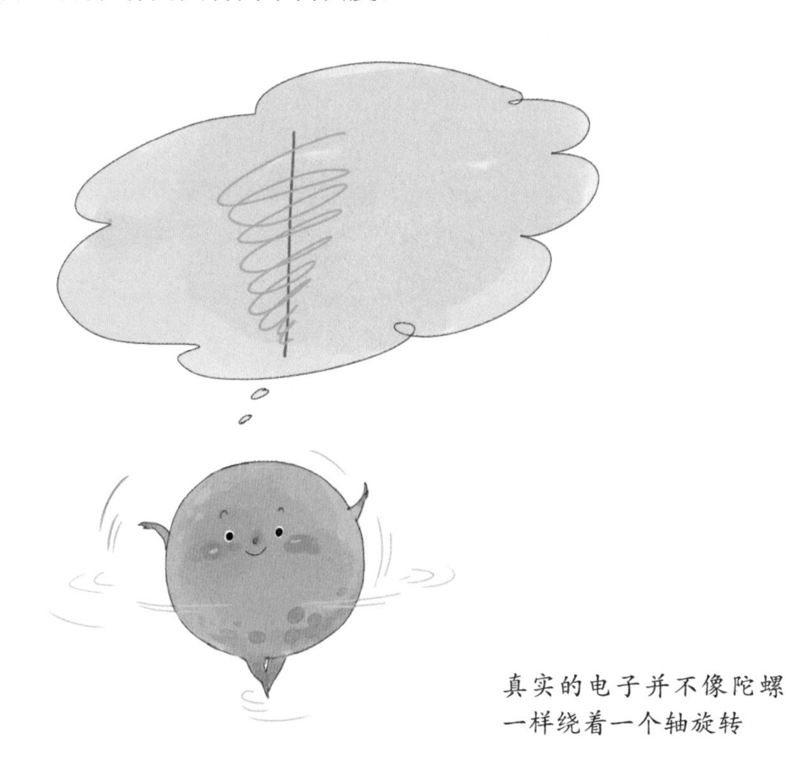

真实的电子并不像陀螺一样绕着一个轴旋转

自由度这个概念也比较抽象。为了让你理解这个事情有多奇怪，我们还是用滑冰来打比方。假如把一个旋转的滑冰者比喻成一个电子，那么，不论我们朝哪个方向去测量它，都只能得到两种结果中的一种，要么头对着我们转，要么脚对着我们转，不可能得到其他情况。

电子的自旋只有两个自由度

比如说，如果我们从电子的上方测量电子，我们会得到两种测量结果，电子要么是A自旋态，要么是B自旋态。但是，如果我们改为从侧面去测量电子，电子就不再是A自旋态或者B自旋态了，而是变成要么是C自旋态，要么是D自旋态了。当然，我这里所说的ABCD，仅仅是一个代号，你不必去深究到底是什么样子的状态。这就奇怪了，就好像电子会根据我们的测量行为而改变一样：我们用X方法测量，得到的就是X对应的状态；用Y方法测量，得到的就是Y对应的状态。

你是不是觉得很奇怪呢？但是，还有更加奇怪的事情正在前面等着科学家们呢。

电子飞向偏振器的怪异结果

为了便于我后面的讲解，我们现在不妨给电子的各种自旋态起一个比较容易记住的名字。因为在日常生活中，我们习惯了用上下、左右、前后来描述空间的 6 个方向，所以我就把电子的自旋态称作上自旋、下自旋，或者左自旋、右自旋，前自旋、后自旋。因为电子的自旋态在同一种测量方式上只可能对应两个自由度，所以，上下、左右、前后它们总是结对的。

接下来，物理学家发明了一种装置，称为偏振器，它可以对电子进行筛选。比如，只允许上自旋的电子通过，或者只允许左自旋的电子通过。我国最著名的量子通信专家是潘建伟教授，在他的实验室里，那些令人头晕目眩的复杂设备，基本上都是各种各样的偏振器。

为了讲解更方便，我把偏振器抽象成下图这个样子：

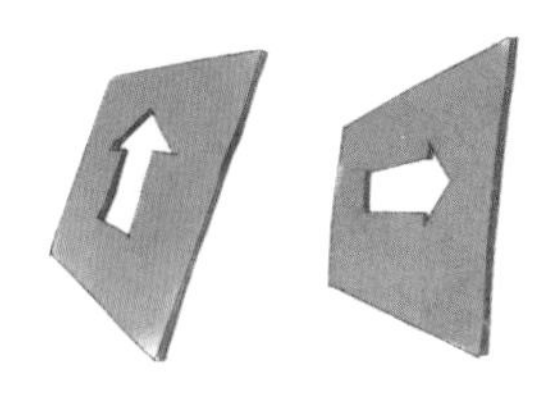

箭头向上的偏振器，表示只允许上自旋的电子通过，箭头向右就表示只允许右自旋的电子通过，这个很好理解。当科学家们利用偏振器对电子做实验时，出现了一个令人无比诧异的结果。

实验的过程如下图所示：

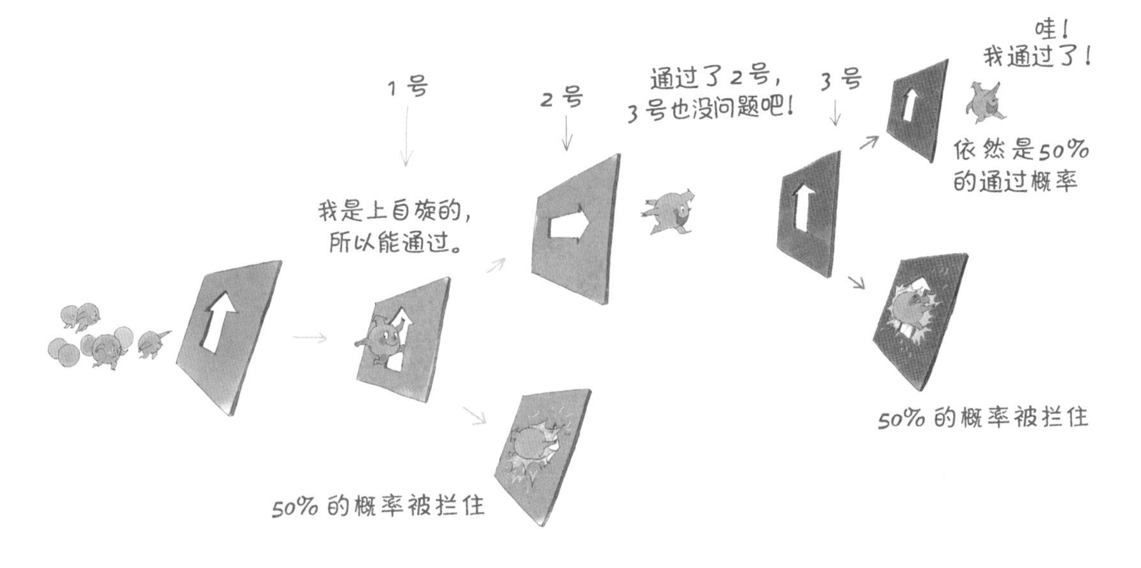

电子通过偏振器的实验过程

首先，我们让一个电子飞向这个偏振器，如果通过了，说明这个电子是上自旋的。然后，在这个偏振器后面再放一个同样的偏振器，如图：

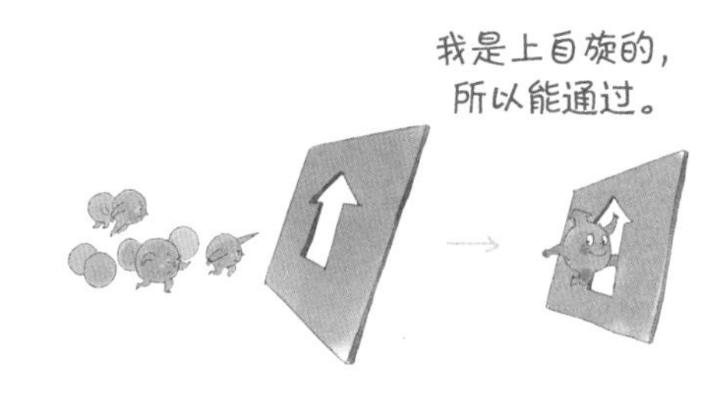

此时，不出意外，电子 100% 通过了下一个同样的偏振器，而且，不论在后面放多少个同样的偏振器，电子都是能飞过去的，这完全符合人们的预期。

接下来，如果我们把第二个偏振器换成一个向右的偏振器，让这个上自旋的电子继续朝 2 号偏振器飞，你觉得会出现什么情况呢？

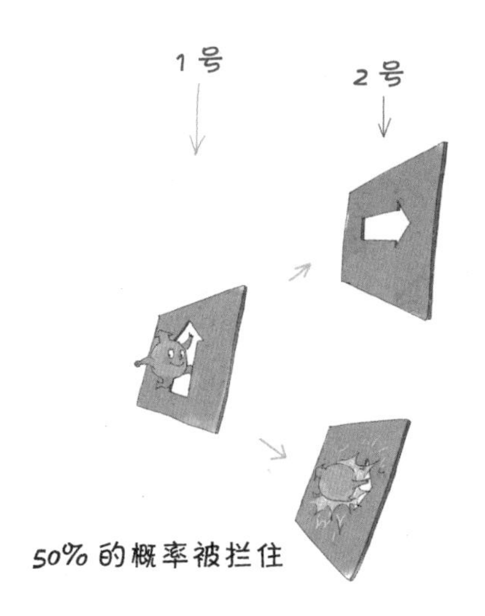

实验结果也非常符合你的预期。因为，上自旋的电子有一半是左自旋，有一半是右自旋，这时候，电子有 50% 的概率能通过 2 号偏振器。实验做 100 次，大约飞过去 50 个，次数越多，就越准确。

下面，我们就要见证令人感到无比怪异的关键实验了。我们在后面再放一个向上的 3 号偏振器。

大家觉得，这个电子能不能飞过去呢？我们已经做过一次实验，如果没有 2 号偏振器，电子是 100% 通过 3 号偏振器的。按照地球人的正常逻辑，这个电子应该 100% 地通过 3 号偏振器，对吗？

然而实验的结果让物理学家们大跌眼镜：这个电子仍然只有 50% 的概率通过 3 号偏振器，尽管 3 号和 1 号都是上偏振器。

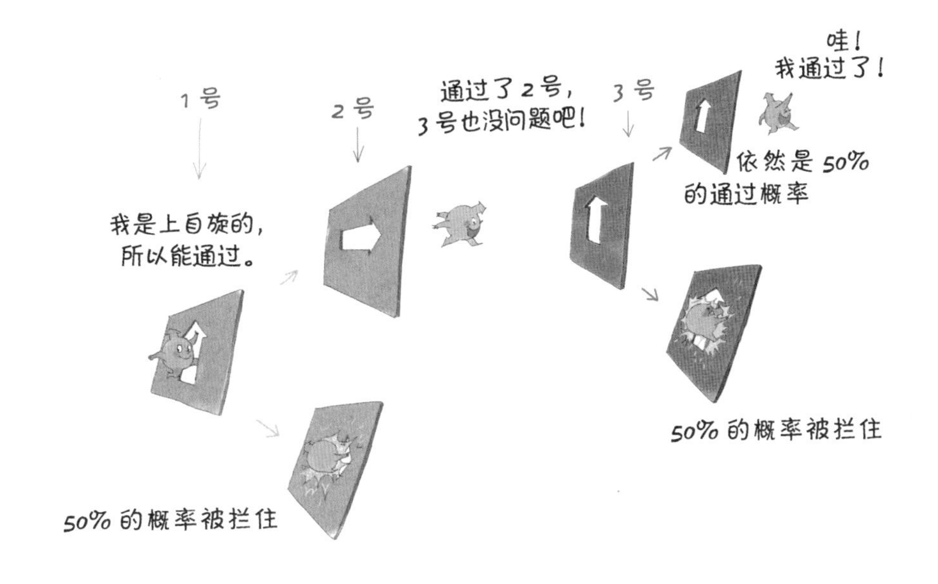

我们安静10秒钟，让大家回味一下，想想这意味着什么。

这意味着：不可能在两个不同的方向同时测准电子的自旋态！

看到这样的实验结果，以玻尔为首的哥本哈根学派开心坏了。他们认为：这就是电子不确定性原理的最佳证据啊，电子本身不存在确定的自旋态。在测量之前，电子处在所有自旋态的叠加状态，去追问到底是哪个态？对不起，这个问题没有意义！没有意义！没有意义！重要的话说三遍。

但是，以爱因斯坦为首的另一派提出了另外一个解释，我相信这个解释可能符合我们大多数人对世界的看法：这是因为我们的测量行为本身影响了电子的自旋态。也就是说，当电子通过2号偏振器时，这个偏振器已经随机改变了电子在上下方向的自旋态。

我现在想请问你，如果回到80多年前，你会站在哪一边呢？爱因斯坦和玻尔可是为了这个问题吵得不可开交。

电子自旋态的不确定性

好了，有了前面这些背景知识，我就可以给你讲解爱因斯坦放出的大招“EPR 悖论”了。这个思想实验是这样的：首先，我们把红、蓝两个电子绑在一起，让它们总的角动量为零。

然后，我们用某种方法把这一对绑在一起的电子炸开。你可以想象成在它们中间放点火药，然后砰的一声炸开。于是，这一对电子就分开了，蓝电子朝左边飞，红电子朝右边飞，让它们分离得足够远，比如说一个飞到上海，一个飞到北京。我们在北京和上海各放一个偏振器：

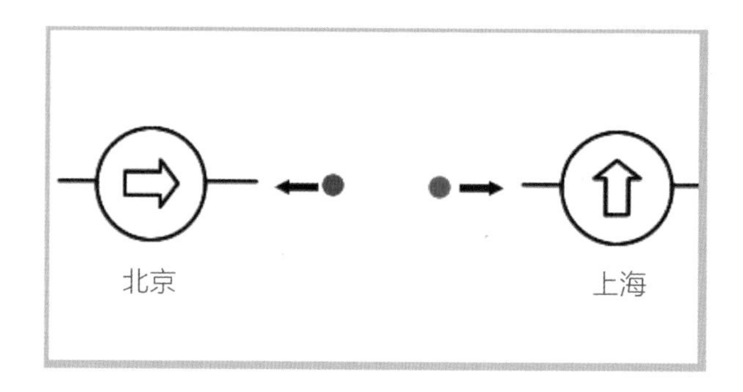

现在，假设两个电子都通过了偏振器，那么说明红电子是上自旋的。这是因为有一条物理法则叫作角动量守恒定律，这个定律规定了物体原先的

角动量是多少，分开后，各自的角动量之和必须和原先一样。因此，根据这条物理法则，假如红电子是上自旋的，那么为了保证角动量守恒，蓝电子就必然是下自旋的。而蓝电子通过了右偏振器，说明蓝电子是右自旋的，根据角动量守恒定律，红电子必然是左自旋的。

这样一来，我们不就确定了红蓝电子在两个方向上的自旋态了吗？

玻尔，你不是说，不可能在两个不同的方向同时测准电子的自旋态吗？现在，红蓝电子在两个方向上的自旋态不是都确定下来了吗？可见，不是电子有什么神奇的叠加态，不确定性原理本质上就是因为测量行为干扰了电子的自旋态，只要我们不去测量，它们的自旋态还是确定的！

红蓝电子在各自展示自己的自旋态，玻尔对此目瞪口呆

玻尔的反击

这个大招太厉害了！有点无懈可击的感觉。1935 年，整个物理学界都在关注这个 EPR 悖论，有一大批中间派的物理学家开心坏了，他们就等着看热闹，就想看看玻尔、海森堡这些哥本哈根学派的大师们怎么应对爱因斯坦的大招。

玻尔一看到 EPR 悖论的论文，头都大了，他立即放下所有的工作全力迎战，思考了两个月，终于写下了一篇反击论文。玻尔是这样反击的——EPR 悖论中有一个关键性的假设是错误的，那就是测量红电子的行为不会影响蓝电子，测量蓝电子的行为不会影响红电子。这是错误的，因为红蓝电子处于一种神奇的量子纠缠态中，不论它们离得有多远，哪怕一个在宇宙的这头，一个在宇宙的那头，只要对其中一个进行测量，立即就会干扰另外一个。

爱因斯坦一听这话，被气得乐了：好嘛，玻尔老弟，你的意思是不是说红蓝电子有“心灵感应”，一个被打了，另外一个也马上就感到了痛？这哪里像是科学家说出的话嘛！要知道，根据爱因斯坦的相对论，宇宙中任何能量和信息的传递速度都不能超过光速，所以，这种瞬时的“心灵感应”是

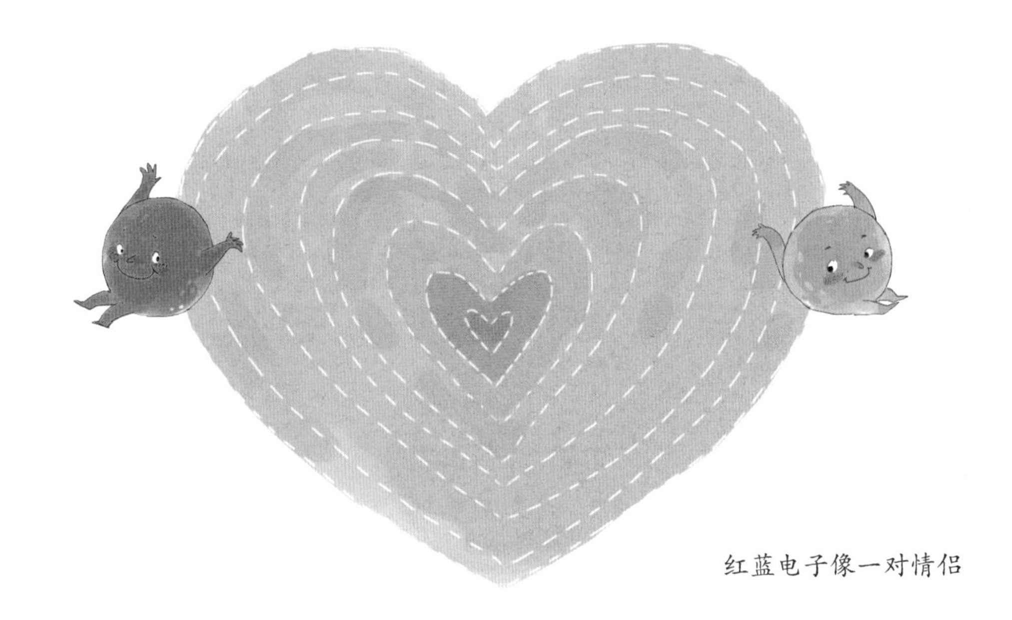

红蓝电子像一对情侣

不可能存在的。

但是玻尔却说：对不起，爱因斯坦前辈，我没有说您的相对论不对，我也没有说红蓝电子有“心灵感应”，我只是说，红蓝电子是一个整体，它们的自旋态在测量前不是一个客观实在。就是说，电子的自旋态不像我们的身高和体重，不管我们测量不测量身高、体重，我们长多高、有多重都是客观存在的。而电子的自旋态则不一样，在我们测量之前，对不起，自旋态这个物理量是不存在的。只有在我们测量了之后，这个物理量才会突然出现。

爱因斯坦听完玻尔的这番解释，当然是举双手双脚反对。事实上，他们一直到去世，谁也没有说服对方。

爱因斯坦与玻尔

科学离不开实验

好了，回顾本章的故事，你会发现，科学离不开实验。科学家之间的争论总是依托于具体的实验结果，这个实验可以是真实的实验，也可以是思想实验。

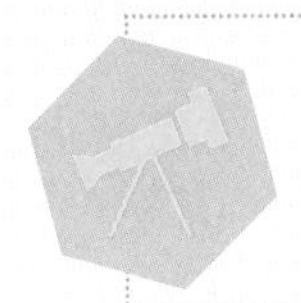

总之，科学探索活动总是与实验密切相关的，再好的理论都需要得到实验的检验，如果仅仅停留在思辨层面，很难取得真正的科学进步。

所以，如果你未来想成为一名科学家，那么动手做实验与动脑筋思考同样重要。

电子的自旋态到底是不是一个客观实在的物理量呢？那到底什么又是客观实在的呢？有没有可能通过实验来判定呢？这些问题似乎已经到了哲学的范畴。但是，我敢保证，如果人类只有哲学思辨，那么永远也吵不出一个结果。好在，我们还有数学，还有科学。谁对谁错呢？咱们下一章揭晓答案。

科学与实验

思考题

我们每个人跑步的时候，自然而然地都会迈左脚伸右手，迈右脚伸左手，你知道这是为什么吗？答案就是我们本章讲到的一个知识点。你能通过自己查找资料搞清楚原因，然后写成一篇小论文吗？

第7章

量子纠缠

何为客观实在性

上一章我们讲到，玻尔提出了一个把爱因斯坦都气乐的观点。他说电子的自旋态在测量之前根本就不是一个客观实在。也就是说，在测量之前，到底是哪个方向的自旋是绝对不可能确定的。

为了检验电子自旋态是否具备客观实在性，很多实验物理学家都非常苦恼，他们绞尽脑汁地想要找到解决方案，但是苦苦寻觅了几十年，都没有找到办法。直到 1964 年，一个来自爱尔兰的数学奇才出现了，他当时还是一个小伙子，名字叫约翰 · 贝尔。他是爱因斯坦的超级粉丝，他坚定地认为爱因斯坦肯定是对的，玻尔是错误的。为了替自己心中的大师击败对手，贝尔努力思索着到底怎样才能证明电子的自旋态具有客观实在性。

终于，皇天不负苦心人啊，他发现了一个数学上的公式，这个公式被科学界称为“贝尔不等式”，有些书盛赞它为“科学中最深刻的发现”。它厉害就厉害在，可以用数学的方法说清楚到底什么是客观实在性。

此话怎讲呢？让我来举一个例子说明什么叫客观实在性。比如说，我们每一个人都有性别这个属性，这个属性就是一个客观实在的属性。你要么是一个男生，要么是一个女生，对吧？同样，每一个人还有年龄这个属性，一个人要么是成年人，要么是儿童。除了性别和年龄，你还能想到其他什么可以把人一分为二的属性吗？嗯，或许你还想到了可以分为戴眼镜的和不戴眼镜的。没错，这也是一个客观实在的属性。

数学家贝尔证明了这样一个规律，如果像我们刚才所说的那些性别、年龄、是否戴眼镜这些属性是确定的、客观实在的属性，那么，就必然存在这样一个规律。

我是男孩。

我是女孩。

我们是成年人。

我是个儿童。

我们是眼镜一族。

我不戴眼镜。

贝尔不等式

你在任何一个有人的地方，比如说一个餐馆中，你先把这个餐馆中所有小男孩的数量数出来，然后再把这个餐馆中所有戴眼镜的成年人的数量数出来，你会发现，这两个数字加起来的总和一定大于或者等于这个餐馆中的所有戴眼镜的男人数量，这里的男人包括所有的成年男人和男孩。

小男孩数量 + 戴眼镜的成年人数量≥戴眼镜的男人数量

在任何一个人数固定的场所都必然符合这个规律，全世界所有人也符合这个规律，不信你下次去餐馆吃饭，或者去电影院看电影的时候，不妨数一下，然后验证一下，看看贝尔证明的这个规律是不是正确。贝尔证明的这个规律就被称为“贝尔不等式”。

当然，我们用性别、年龄和眼镜只是举例子，数学公式是一种抽象概念，它可以应用在各种具备类似客观实在属性的系统中。

贝尔不等式对于物理学家们来说实在太重要了，因为它有一个巨大的魔力，可以使得 EPR 实验从思维走向实验室。只是很遗憾的是，贝尔不等式

数一数餐厅里吃饭的人们，把小男孩和戴眼镜的成年人的数量加起来，看看是不是大于或等于戴眼镜的男人数量

被提出的时候，爱因斯坦和玻尔都已经过世了。他们过去耗费了无数个不眠之夜来研究分析但一直悬而未决的世纪大争论，很快就要有一个终极判决了。贝尔在1990年获得诺贝尔物理学奖提名，遗憾的是，他在当年突然病逝，年仅52岁。因为诺贝尔奖只颁发给生者，所以诺贝尔奖的获奖者名单上没能留下贝尔的姓名，但是，贝尔不等式却会被永久地刻在人类文明的历史中。

你可能已经迫不及待地想知道，这个不等式跟EPR实验有什么关系呢？到底如何用贝尔不等式来判定爱因斯坦和玻尔谁对谁错呢？别急，请专心往下看。

因为诺贝尔奖只颁发给生者，所以诺贝尔奖的获奖者名单上没有贝尔的名字

爱因斯坦和玻尔的分歧

请回想一下上一章我们讲过的内容。科学家们在实验室中已经发现，每当我们用偏振器测量电子的自旋态时，我们会发现它在某一个方向上只有两种可能。也就是说，一个电子，要么能通过上偏振器，要么能通过下偏振器。这个实验已经做过了千百次，结论是板上钉钉的，爱因斯坦和玻尔谁都不反对。

他们的分歧在于，爱因斯坦认为电子的自旋态就好像一个人的性别，是一个确定的、客观实在的属性。也就是说，电子的上自旋、下自旋就好像一个人是男人还是女人一样，是确定的。虽然有可能被改变，但在一个固定的时刻，它总是确定的。

但是玻尔却认为，电子的自旋态与人的性别大不一样，它不是一种客观实在的属性，也就是说，一个电子在被测量之前，它可以同时处在上自旋和下自旋的叠加态中，只要不去测量，我们就永远不能说清楚电子的自旋态到底是上还是下。只有在通过偏振器的那个瞬间，它的自旋态才是确定的。

现在，就要轮到贝尔不等式来充当法官了。让我们来假设爱因斯坦是对的，电子的自旋态就好像是人的性别、年龄一样，是一种客观实在的属性。

左边爱因斯坦，右边玻尔，中间是贝尔不等式法官

那么，我们就可以把上自旋的电子看成是男性，下自旋的电子看成是女性，左自旋的电子看成是成年人，右自旋的电子看成是小孩，前自旋的电子看成是戴眼镜的，后自旋的电子看成是不戴眼镜的。

接下来，我们就可以来数数了。我们利用爱因斯坦在上一章中想出来的那个 EPR 实验，不断地产生很多很多的电子对，然后呢，我们就来数一数有多少个小男孩电子，有多少个戴眼镜的成年人电子，有多少个戴眼镜的男性电子。

假如数出来的数量符合贝尔不等式，那么就证明了电子的自旋态确实就好像人的性别、年龄一样，是一种客观实在的属性；如果不符合贝尔不等式，

那就说明爱因斯坦错了，玻尔是对的，电子的自旋态不是客观实在的属性，叠加态这种很奇特的现象确实存在。

这里我要特别说明的是，贝尔不等式是用严格的数学手段推导出来的，数学是凌驾于物理学之上的规律。这个贝尔不等式在 EPR 实验中的含义是说：如果两个电子是在分开的那一瞬间就已经决定了自旋的方向的话，那么我们后面的测量结果必须符合贝尔不等式。也就是说，假如爱因斯坦的“上帝”是那个不掷骰子的慈祥老头子，那么贝尔不等式就是他给这个宇宙所定下的神圣戒律，两个分离后的电子绝不能违反这个戒律。其实这根本不是敢不敢的问题，而是这两个电子在逻辑上根本不具备这样的可能性。

电子的测量结果必须符合贝尔不等式

“上帝”的判决

爱因斯坦和玻尔的争论，最终取决于 EPR 实验中电子在各个方向上自旋状态的测量结果。如果贝尔不等式仍然成立，那么爱因斯坦就会长吁一口气，这个宇宙终于回到了温暖的、经典的轨道上。但如果贝尔不等式被破坏了，那么，对于很多科学家来说，“上帝”就摘下了慈祥的面具，变身为靠概率来玩弄宇宙的赌徒。

这里特别有意思的是，贝尔是爱因斯坦的忠实拥护者，当他发现了贝尔不等式后，他兴奋不已，踌躇满志。他信心满满地认为：只要安排一个 EPR 实验来验证我的贝尔不等式，物理学就可以恢复荣光，恢复到那个值得我们骄傲和炫耀的物理学，而不是玻尔宣扬的那个玩弄骰子的“上帝”。然而，贝尔不是实验物理学家，他自己没有能力完成这个实验，他只能等待，这一等就是将近 20 年。

1982 年，在法国奥赛光学研究所，人类历史上首次对 EPR 实验进行了严格的实验检测，这次实验被称为“阿斯派克特实验”，因为领导这次实验的科学家叫阿斯派克特。实验总共进行了三个多小时，两个分裂的光子分离的距离达到了 13 米，积累了海量的数据。实验的最终结果是：爱因斯坦输了，玻尔赢了。

真不知道当时的贝尔是什么心情。不过，科学家都有一个最大的特点，就是认证据而不认权威，只要证据确定无疑地出现了，那么科学家们会立即纠正错误，转变想法。

实验结果出来后，假设贝尔和爱因斯坦见面

量子纠缠

从阿斯派克特开始，全世界各地的量子物理实验室展开了 EPR 实验竞赛，一直持续到今天，实验精度越来越高，实验的原型越来越接近爱因斯坦最原始的想法。两个量子分离的距离越来越远，而且实验对象甚至增加到了六个量子。目前，这一实验的世界纪录保持者是咱们中国的科研团队，我们甚至实现了地面上的光子和人造卫星中的光子纠缠。

EPR 实验的成功，用实打实的证据说明了以下两点：

1. 量子的很多属性（例如电子的自旋态、光子的偏振态等）都不是一种客观实在的属性。

2. 在一些特定的条件下，若干个量子无论分离得有多远，测量其中一个量子的某些属性，都会立即让另外的量子的这种属性也确定下来，从叠加态变为确定态。这就是玻尔所说的量子纠缠现象。

玻尔首次提出的量子纠缠现象得到了实验的证实，这使全世界的物理学家都感到相当震惊。原来支持爱因斯坦的这一派就不用说了，即便是玻尔这一派的人，当真正看到量子纠缠效应得到实验证实的时候，也依然对这种神奇的现象惊叹不已。微观世界的奇特规律，再次打破了我们的常规思维。

量子的叠加态是存在的。量子的纠缠态是存在的。两个纠缠中的量子，当我们不去测量它们时，它们没有确定的状态，或者说，它们处在所有状态的叠加态中。一旦我们测量了其中的一个，另一个的状态立即也就确定了。量子纠缠虽然很神奇，但并不神秘，它是量子叠加态的必然推论，是可以被我们理解的。

量子纠缠并不是一种超自然现象，它也是一种确定存在的自然现象，符合确定的自然规律，也不违背任何已知的物理定律。全世界的任何科学家都可以在实验室中不断地重复这种现象。这个世界上不存在超自然现象，一切现象都是自然现象，区别仅仅在于我们是否能用现有的科学理论来解释。暂时无法解释的现象，也不代表未来不能解释。有些人把量子纠缠渲染得很神秘，甚至以此来证明神佛鬼怪的存在，这只能说明他们并没有真正理解量子纠缠现象。

量子纠缠让人们惊叹不已

科学离不开数学

回顾本章的故事，你会明白：

数学是科学研究中最可靠的工具，自然科学的研究离不开数学，无论我怎样强调数学的重要性都不为过。

数学本身并不属于自然科学。我们把数学这类完全靠符号建立起来的系统称为“形式逻辑系统”，它是人类智慧的最高体现形式。数学家不需要做实验，也不需要去观察大自然，他们仅仅需要一支笔、一张纸或者一台计算机，就可以在数学王国中驰骋。数学是一种最高级的抽象思维，它是我们这个宇宙中最确定、最普遍适用的规律。假如有一天我们发现了外星文明，那么我们一定能通过数学与他们交流，数学就是一种宇宙语。

如果你想成为一个科学家，就必须从现在开始努力学习数学，具备了扎实的数学功底，你就能在未来的科学探索中如虎添翼。

量子纠缠现象是物理学中的一项极为重大的发现，它为人类的未来科学找到了一片神奇的新大陆。那么量子纠缠到底能有哪些未来的应用呢？咱们下一章揭晓答案。

科学小人儿的告白又一次上演

思考题

假如你现在通过无线电波发现了外星人，你只能给外星人传送两种不同的信号，一种是长脉冲，一种是短脉冲，你可以想象成只能给外星人发送 0 和 1 两个不同的数字。那么，请你想一想，如果你要告诉外星人一个圆形，你该给他发送什么样的信息呢？

第8章

量子计算机

量子纠缠鞋

上一章我给你介绍了量子纠缠的基本原理，并且我们已经在实验室中确定无疑地证实了这种只能发生在微观世界的神奇现象。这是科学家们刚刚发现的一片新大陆，我们只不过刚刚登上海岸。但是，仅仅站在岸边的礁石上，就已经隐约看到了这片大陆的广袤，量子纠缠有着非常广阔的应用前景。

其中最重要的一个应用就是利用量子纠缠效应发明量子计算机。为了让你理解量子计算机的工作原理，需要再加深一下对量子纠缠的理解，我给你打一个比方。

请想象一下，我们把一双鞋子放入两个鞋盒中，不过，我们不知道哪一个盒子中放的是右脚鞋子，哪一个盒子中放的是左脚鞋子。只有一点是确定的：它们必定是一双鞋子，而不是两只单只的鞋子。现在，我们把两个鞋盒分开得足够远，你打开其中一个，如果看到的是右脚鞋子，那么你就知道，另外一个鞋盒中必定是左脚鞋子，反之亦然。

有的同学可能心里在嘀咕：感觉像是在说废话啊。拜托，请不要那么着急好吗？重点还没来呢。

请注意一点，假如是一双普通的鞋子，那么哪个鞋盒中的鞋子是左脚鞋子，哪个是右脚鞋子，在我们放入盒子中的时候就已经确定下来了，不论是谁来打开其中的一个，看到的结果都是一样的。

下面重点来了，如果这双鞋子不是普通的鞋子，而是一双量子纠缠鞋，那情况就完全不同了。非常神奇的是，盒子在被打开之前，里面的量子鞋竟然处在了左和右的叠加态中，既是左脚鞋子，也是右脚鞋子。你打开鞋盒之后，有可能看到左脚鞋子，也有可能看到右脚鞋子，这是不确定的，谁都无法提前知道。只有一点是确定的，只要其中一个鞋盒被打开了，另一个鞋盒中的鞋子也就等于确定了左右，打不打开都确定了下来。

这就是神奇的量子纠缠现象，它是量子叠加态的必然结果，虽然很神奇，但并不神秘。

盒子中装的是量子纠缠鞋，猜一猜
打开后是左脚鞋子还是右脚鞋子

传统计算机配钥匙

科学家们利用量子纠缠效应发明了量子计算机，尽管它还处在实验室的研发阶段，离实际应用可能还有一段很长的路要走，但是，没有人怀疑它会成为未来的下一代计算机。

量子计算机跟我们现在的电子计算机很不一样，它有一些特殊的本领是电子计算机望尘莫及的。差距有多大呢？比如说，用现在的电子计算机来计算某一个方程的解，可能需要好几万年，

量子计算机运算速度秒杀电子计算机

但是，同样的计算工作交给量子计算机，只需要 1 秒钟就够了。就是这么大的差距，你是不是感到很惊讶呢？量子计算机为什么会那么厉害？它跟量子纠缠有什么关系呢？别着急，你一定要打起精神，听我给你详细解释。

我们先从最简单的一个例子开始。

现在，我手里有一把锁，它有两个齿孔，就像这样，一个朝上，一个朝下：

这把锁就需要一把和它匹配的钥匙才能打开，就像这样的一把钥匙：

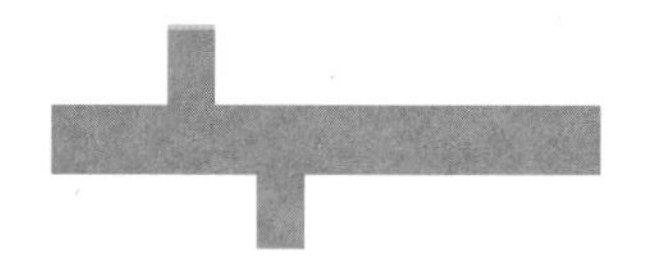

但是，现在的情况是，我不告诉你我这把锁的两个齿孔到底哪个朝上，哪个朝下，这样一来，一共就有 4 种可能了，就像这样：

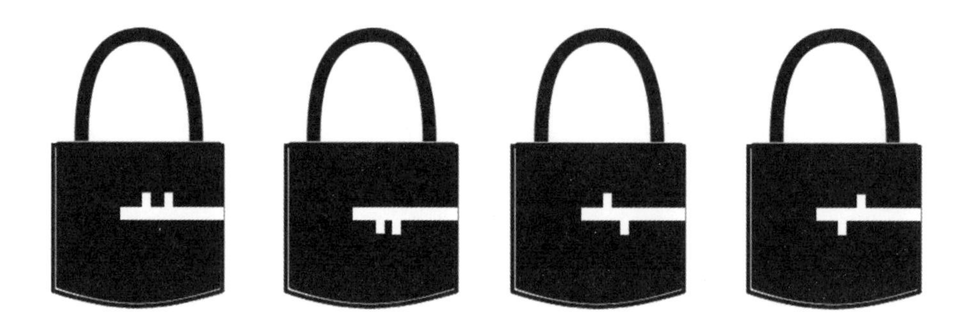

如果你是那个配钥匙的工匠，你觉得怎样才能打开锁呢？没有其他好办法，只能去试。先做第一种钥匙，如果打不开锁，就扔掉第一把钥匙，做第二把钥匙……运气好的话，可能凑到第二把就打开了，但是运气不好的话，可能就要凑到最后一把钥匙才能把锁给打开。

我们现在的电子计算机解方程的过程，就好像这个配钥匙的工匠，它的工作原理就是一把钥匙一把钥匙地去试，直到试出来为止。当然，电子计算机的运算速度也是很快的，我们不说全世界最快的计算机，即使家里用的普通电脑或者我们的手机，它的运算速度也能达到每秒钟几亿次，这就好比每秒钟能配几亿把钥匙。

但是，不论电子计算机的运算速度有多快，它只能老老实实地一把钥匙一把钥匙地试过去，没有任何捷径可以走。刚才我举的例子只有两个齿孔，所以，最多只有 4 种不同的可能性。如果齿孔的数量是 3 个，那就会有 8 种不同的可能性；齿孔是 4 个，就会有 16 种不同的可能性。这种可能性的增加速度是非常快的，当齿孔的数量达到 40 个，就有超过 1 万亿种可能性了。我们的电子计算机想要找到正确的钥匙，还是只能老老实实地一个接一个地去试，直到试出正确的为止。

量子计算机配钥匙

好了，下面就该量子计算机闪亮登场了，我们来看看它是怎么配钥匙的。我们还是以这个只有两个齿孔的锁为例，我们不知道能打开锁的到底是这4把钥匙中的哪一把。

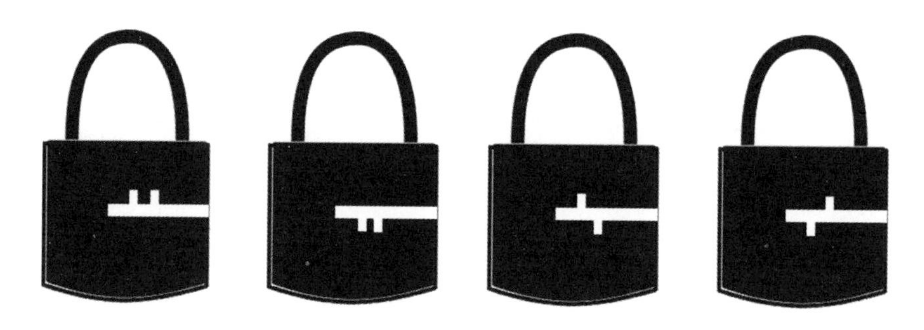

量子计算机配钥匙的工具就用到了量子纠缠。现在，我们制造出两个纠缠的量子，每一个量子都有两种自旋态，要么是上自旋，我用1表示，要么是下自旋，我用0表示。这样一来，这两个纠缠的量子就有4种可能性：11，10，01，00。你看，这不就相当于对应了这把锁的4种可能性吗？

纠缠的量子有一个最神奇的地方，我们之前已经介绍过，它们可以同时处于4种状态中，就好像这两个纠缠的量子就是4种不同钥匙的叠加态。

这时候，你用这把特殊的量子钥匙去开锁，那么其中必有一种状态是能打开锁的。这就好像你有了一把万能钥匙，不管这把锁是 4 种中的哪一种，你总有与之对应的钥匙形状。假如现在齿孔的数量增加到 3 个，那么量子计算机要做的就是设法制造出 3 个纠缠的量子。只要能让 3 个量子纠缠起来，那么依然是一次性成功，不需要去试。

量子计算机配钥匙

所以，讲到这里你可能明白了，决定量子计算机运算速度的关键是我们能将多少个量子给纠缠起来。现在的世界纪录是我国创造的，中国科技大学的科研团队实现了 6 个光量子的纠缠。由于每个光量子都同时存在 3 种状态，因此，它相当于有 18 个两种状态的量子纠缠。如果还用量子钥匙的比喻，那么，这就相当于它让 262144 把不同的钥匙处在了叠加态，可以在一瞬间就打开有 18 个齿孔的锁。如果让普通的电子计算机来开锁，那么，运气不好的话，就要试 20 多万次才能把锁打开。

现在，我国的科学家们在量子计算机的研究上已经处在了世界领先地位，他们还在不断冲击更多数量的量子纠缠。量子通信专家潘建伟教授说，假如我们能同时操纵数百个纠缠的量子，那么这台量子计算机对特定问题的运算能力，将是全世界所有计算机运算总和的 100 万倍。

量子计算机是不是很厉害呢？那么，量子计算机有一些什么样的实际用途呢？

量子计算机解密的原理

量子计算机有一个最直接的用途就是开锁，当然，它开的锁不是真实的门锁，而是计算机系统中的密码锁。比如，你要登录 QQ、微信或者电子邮箱，是不是都要输入密码？在网上支付的时候，也需要输入密码。这些密码在网络虚拟世界中，就相当于我们现实世界中的门锁，而打开这些虚拟世界门锁的过程也就是破解密码的过程。

今天的电脑网络中，最常用的一种加密的算法叫作 RSA 算法。什么是算法呢?

我们先来假设有这样的一个场景，小明和小刚都在一个很大的微信群中，群里面发送的任何消息对每一个人都是公开的。但是小明想和小刚说一些悄悄话，不想让别人知道，由于某种原因，他只能在群里面和小刚聊天，无法私聊。这时候，小明希望别人都看不懂自己发送的消息，就需要和小刚约定一种暗语，这种暗语只有小刚才能看得懂。我们把这种暗语的规则称为算法。

所以，RSA 算法就是一种发暗语的规则。最有意思的是，这种暗语的规则是完全公开的，任何人都知道小明发送暗语用的是这种规则，但别人知

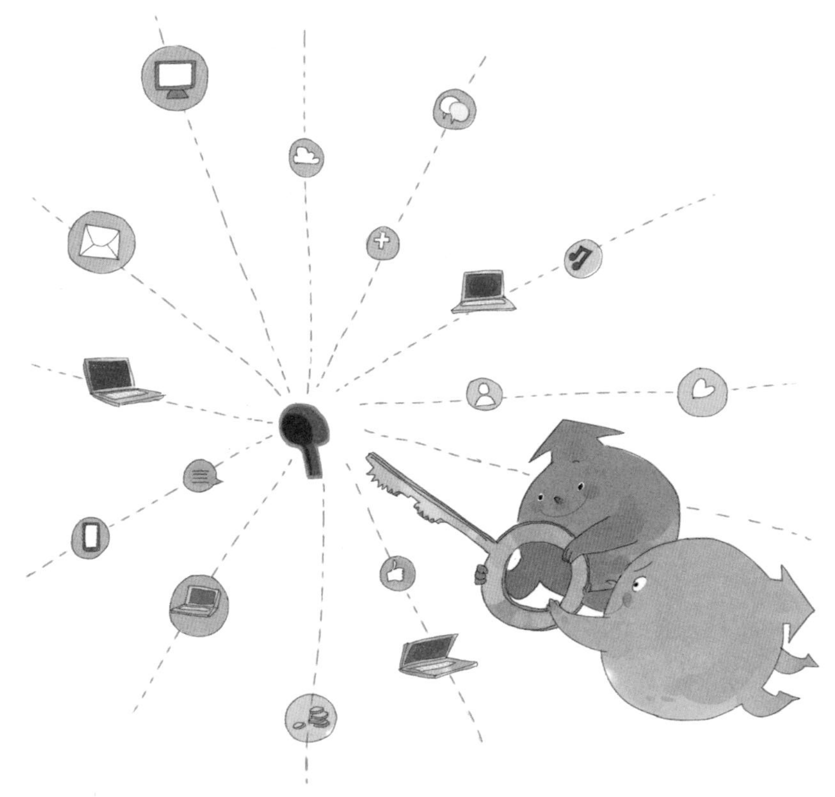

量子计算机有一个最直接的用途就是开锁

道规则也没用，因为只有小刚才有看懂暗语的特定“钥匙”。你是不是觉得很有意思？那这个暗语规则到底是什么呢？怎么能达到这种效果呢？其实，RSA 算法的核心原理一点儿都不难，人人都能听懂，解释如下：

小明和小刚在加入这个微信群之前，就约定好了，小刚的那把特定的钥匙是数字 3。好了，有了这个约定之后，小明就可以在群里面放心大胆地传送消息了。比如说，小明想告诉小刚数字 7，他就在群里面发送一个数字 21，小刚一看到这个 21，就能立即明白小明想要告诉他的数字是 7，为什么？因为 $21 \div 3 = 7$。对于小刚来说，只要把小明发送的数字除以只有自己知道的数字 3 即可。

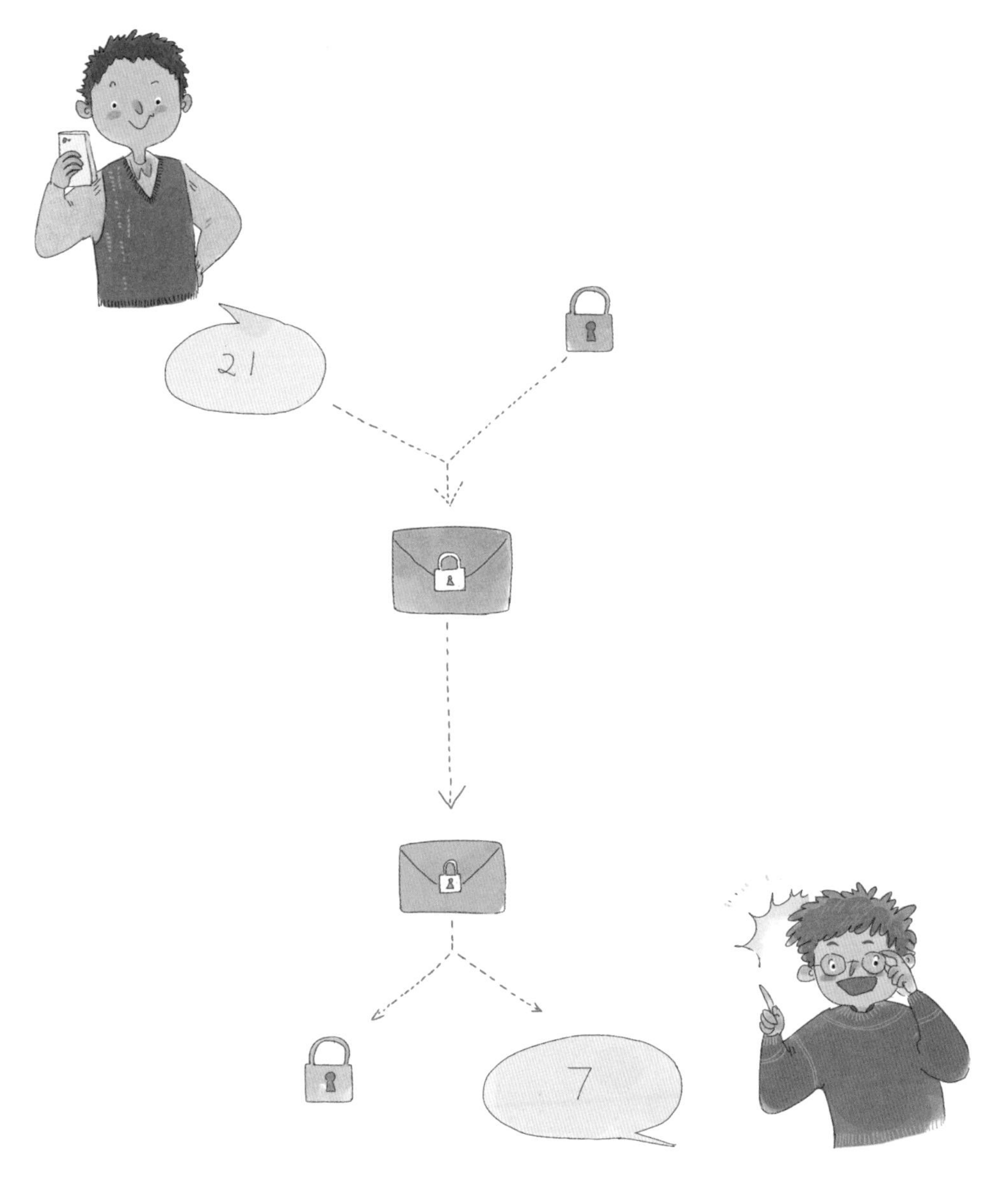

小明给小刚发暗语

我们来练习一下，假如小明想告诉小刚数字 9，他要发什么数字出去呢？

你肯定答出来了，要发送的数字就是 $3\times9=27$，把这个 27 发送出去，小刚就知道小明想要告诉自己的数字是 9 了。只要能传送数字，其实就意味着可以传送任何消息了，因为任何一个汉字都可以编成一个四位代码，过去我们发电报用的电报码就是用数字给汉字编码的。

看到这里，你可能会想，难道别人猜不出来小刚的钥匙是 3 吗？如果钥匙真的是 3 的话，那当然猜得出来，因为 21 是 3 乘以 7，27 是 3 乘以 9，这个连小学生都能马上看出来。可是，小刚手里的钥匙数字如果大一点儿，比如说是 20047，这时候，小明如果想告诉小刚数字 73，他发送的数字就是 1463431。我再问你，你看到这个大数字的时候，还能猜出来它是哪两个数字相乘吗？

绝大多数人靠心算是算不出来的，但是，如果你手里有一台电子计算机，这倒是不难。因为你可以把 1463431 用 2，3，5，7……这些数字一个个去除（这些数字叫质数，如果你还不明白为什么只需要试除质数就够了，没关系，你们很快就会在数学课上学到了），很快就能找到 73 和 20047 了。

不过，如果小刚手里的钥匙数字的长度达到了 100 多位，那么，你有再强大的电子计算机也试不出来。准确地说，不是试不出来，而是试出来所需要花费的时间会大大超过你的寿命，所以是没有意义的。

这种 RSA 加密算法的核心原理就是这么简单，而且是完全公开的。正因为简单好用，所以现在被非常广泛地采用，包括银行的加密系统也大多基于这种算法。然而，一旦出现能够操纵 100 多个纠缠量子的量子计算机，要找到钥匙数字就变得易如反掌了。因为我上一节已经解释过了，量子计算机可以同时对海量的数字进行试除。

银行的加密系统钥匙数字很长，黑客想利用电子计算机破译密码，可能一辈子都成功不了

科学理论是科技发明的翅膀

除了用来解密，量子计算机还可以大大提高搜索数据库的速度。现在我们在搜索引擎中输入一个关键词，计算机就必须要在数据库中一条一条去比对，直到找到与你输入的关键词相匹配的数据为止。而量子计算机则可以同时比对数据库中的所有记录，瞬间找到匹配的数据。此外，科学家们还设想，量子计算机可以用来模拟无比复杂的天气系统或者蛋白质分子。

不过，你也需要知道，量子计算机也不是万能的，它不能完全取代电子计算机。为什么呢？因为它的计算能力只能在解决某些特定问题时发挥出来，例如我刚才说的解密问题。而我们平时用电子计算机做的很多事情，比如看电影、听音乐、打游戏、发邮件等，暂时都还用不上量子计算能力。或许，未来的科学家能找到更多更好的应用。毕竟，人类才刚刚登上量子计算这片神奇的新大陆，我们只不过刚刚走出半步，在这片广袤的土地上，我们一定还会有无数激动人心的新发现。

通过本章的内容，我想告诉你的是：

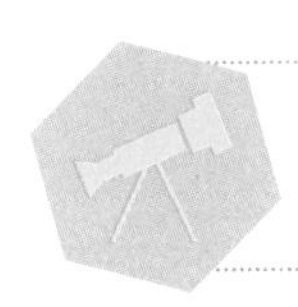

今天你所看到的一切令人眼花缭乱的科技发明，它们必须建立在最基础的理论之上。

也就是说，我们首先要发现自然现象背后的规律，然后总结成一套可以经受住实验检验的理论，只有完成了这一步，我们才有可能发明出革命性的高科技产品。虽然在古时候，我们不知道原理也能做出各种技术发明，但是我们仔细考察了科学史后就会明白：没有理论的突破，技术只能非常缓慢地前进，是不可能产生飞跃的。所以，历史上那些最伟大的科学家，全都是从事基础理论研究的，而不是像电影中的那些科学家天天想着发明时间机器。

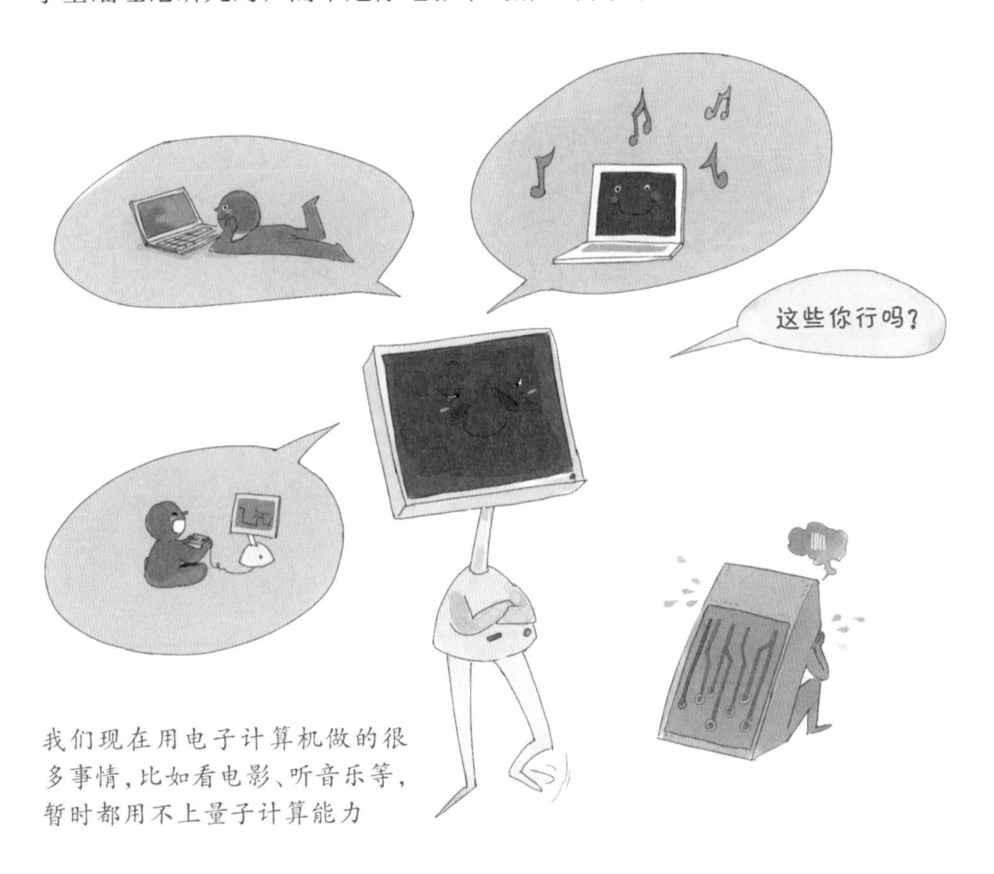

我们现在用电子计算机做的很多事情，比如看电影、听音乐等，暂时都用不上量子计算能力

下一章，我将带着你去了解另外一项全世界最前沿的高科技——量子通信。量子通信到底能不能进行超光速通信呢？请你先猜一猜，我们下一章揭晓答案。

思考题

你觉得量子计算机未来还能帮助人类实现哪些梦想呢？请放开你的想象力，大胆地去想象吧。

第9章

量子通信

量子通信解决的是什么问题

上一章我让你猜一猜，量子通信到底能不能进行超光速通信呢？很遗憾，答案是不能。科幻电影中那样的超光速通信技术依然只是一种幻想，甚至连科学幻想都称不上，因为没有科学家知道该怎么实现。

那么量子通信技术到底是什么样的高科技呢？它又高在哪里呢？量子通信要解决的其实不是通信问题，而是通信安全问题。

所谓的通信，就是把一个消息从一个地方传递到另一个地方。我跟你面对面地说话、用手机打电话或者给你写信，这都是通信的方式。有时候，我们跟另外一个人通信，不想被其他人知道，该怎么办呢？最简单的办法就是凑到他的耳朵边说悄悄话。可如果两个人不在同一个地方，那该怎么办呢？最好的办法就是两个人用暗语通信，我写的内容只有我想告诉的人能看懂。我们把大家都能听懂的话转变成只有通信的双方才能懂的暗语的过程，就叫作加密。而把加密的内容还原成能理解的内容，专业术语就叫作解密。

在战争期间，通信的加密和解密可是事关无数人的性命啊，怎么强调它的重要性都不为过。在第二次世界大战期间，同盟国军队能够打败纳粹德

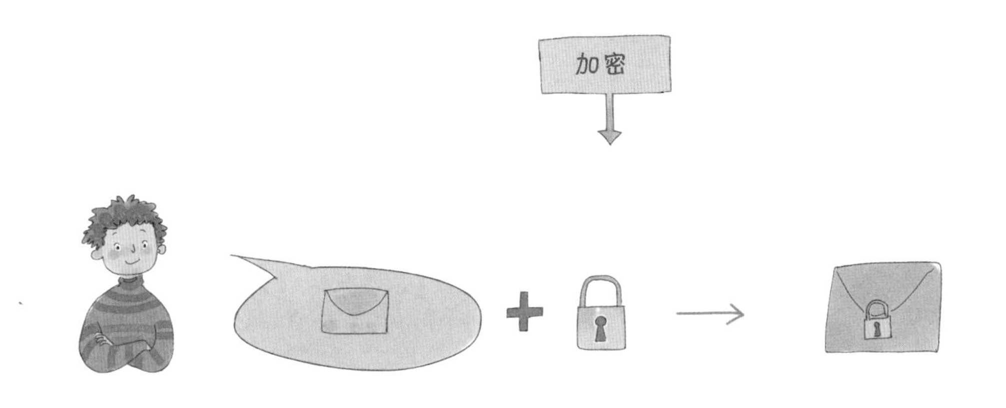

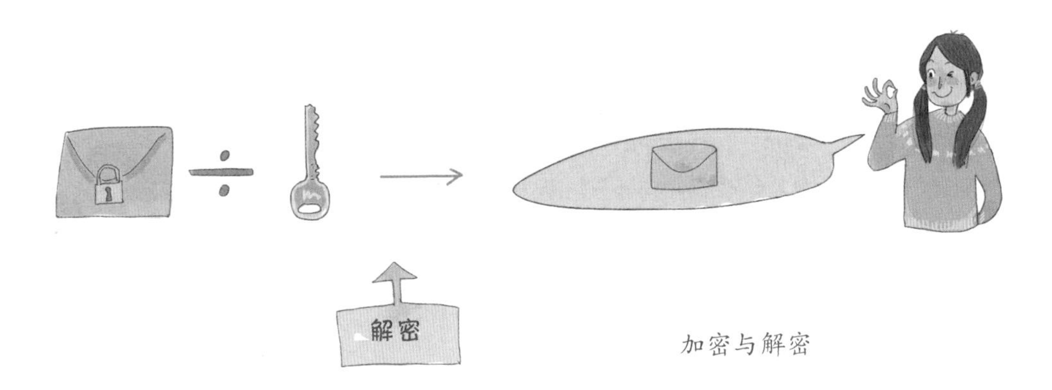

加密与解密

国的一个极为重要的原因就是英国的情报部门窃听并且破译了德军的电报。于是，德国军队的部署调动都被盟军提前知道了，所以总是处在被动中。人们为了通信安全，想出了各种各样的加密方法，可惜的是，道高一尺，魔高一丈，再厉害的加密算法，总有更聪明的人能想到破译的方法。我们上一章说的量子计算机就具备超级强大的破译能力。

于是，科学家们就在想，能不能发明出一种绝对安全的通信方式呢？既

英国的情报部门窃听并且破译了德军的电报

然再厉害的加密手段都无法抵挡住量子计算机的强大运算能力，那么，能不能从源头解决问题，也就是杜绝窃听呢？正所谓解铃还须系铃人，这个办法就是量子通信。

传统通信为什么会被窃听

量子通信为什么能做到杜绝窃听呢？要让你理解量子通信不能被窃听的原理，我要先跟你解释为什么传统的通信会被窃听。早期的电报机以及今天的手机、有线电话、对讲机，它们其实都是利用电磁波进行通信的。电磁波是一种看不见、摸不着，但真实存在的电磁信号。

当我和你用手机通话的时候，连接你我手机的就是存在于空中的电磁波。这些电磁波也能轻易地被第三方所接收，这就好像一个城市中所有人都可以打开收音机，收听广播电台的节目，不会因为你收听了，我就听不了了。这既是一个优点，也是一个缺点。为什么呢？因为当我和你通过电磁波通信时，第三方接收者就可以被看作是窃听者，而这个窃听者可以神不知鬼不觉地存在，原因就在于电磁波被第三方接收的同时，并不会影响我和你之间的通话，准确地说，这种影响程度非常微弱，难以察觉。

哪怕是有线电话，也无法防止被窃听。这是因为电磁波虽然被约束在了电话线中，但窃听者只需要在电话线上接一条支线出来就能偷听了，甚至都不用剥开电话线外皮，利用一些灵敏的仪器，就能在电话线附近接收到散失出来的微弱电磁波。

通话时，连接我们手机的就是存在于空中的电磁波，它也可能被第三方窃听

看到这里，有些同学可能想到了光纤通信，这是利用激光来通信的技术。光纤是一种像玻璃一样的特殊材料，被绝缘皮包裹着。如果你剪断光纤，会看到断头上有很强的光线射出来。但是，光纤中传输的光信号也依然可以被窃听，因为从本质上来说，激光也是一种电磁波，窃听会麻烦一点儿，但无法被阻止。

其实，所有的传统通信之所以会被窃听，关键的原因在于通信过程中，信息被复制了无数份。一束电磁波中，包含了万万亿亿个光子，每一个光子都携带着一份信息。这就好像你要给另外一个人传送一句话：是金子总会发光的。用电磁波通信的过程，就是你叫来一亿个快递员，让每一个快递员都从你这里取一个“是”字，送出去。然后又叫来一亿个快递员，每个人取一个“金”字送出去……就这么每次一叫就叫一亿个快递员。那么，窃听者在半路上拦截了几个快递员，抢走了物品，在这个过程中，发送方和接收方都是浑然不觉的，因为同样的快递员实在是太多了。

这就是传统通信方式会被窃听的根本原因。

传统通信方式被窃听

单光子通信方案

知道了传统通信中信息被窃听的原理，科学家们就想出了一个应对策略。其实这个策略说出来一点儿都不稀奇，你或许也能想到，那就是不要同时叫来那么多快递员嘛，每发一个字就只叫一个快递员，每个快递员从我这里拿走的物品就是独一份，没有第二份。这样一来，如果有一个快递员中途被拦截了，那么接收方马上就会发现收到的信息是不完整的，这就等于发现了窃听者。那么接下去就可以采取措施了，比如立即终止通信，换一种加密方式，甚至是换一条线路等。

对，这就是量子通信的核心原理，说出来真的是一点儿都不高深，我们把原来一发就是万万亿亿个光子的电磁波通信改为一次只发一个光子的单光子通信。这样一来，窃听者只要一窃听，马上就会被察觉。在物理学中，量子是对某些物理量特性的最小单位的统称，因此，单光子通信就是量子通信中的一种。理论上，我们也可以用单个电子来进行通信，原理和单光子通信是一样的，只是目前在技术上比较容易实现的是单光子通信。

但是，单光子通信这个事情，那是标准的知易行难。要想到这个方案真的一点儿都不难，可是要实现这个技术，那可就比登天还难了。这是因为

量子通信的核心原理是一次只发一个光子的通信，一旦被窃听，立刻就能发现

光子实在是太微小了，比如说，你家里一盏最普通的电灯泡，粗略地来说，每秒钟发出的光子数量就能达到一万亿亿个。要把那么微小的光子一颗一颗地发出去，这个技术难度可想而知啊！

令人感到振奋的是，全世界把这个技术做得最好的是我们中国的科学家。2016 年 8 月 16 日，我国成功发射了“墨子号”量子实验卫星，全世界第一个实现了在 500 千米高的太空轨道，把一颗一颗的光子准确地打到地面的接收器上。这就好像要你把一枚一角钱的硬币扔进 50 千米之外的一个矿泉水瓶中。如果你觉得这个很难的话，那实际的难度比这个还大，因为卫星在绕着地球旋转，所以，你还得站在一列全速行驶的高铁中，然后朝着 50 千米外的一个矿泉水瓶扔硬币。我们的邻居日本，与我国还有很大的差距，他们还只能实现一次扔 1 亿个光子。

但是，讲到这里，还只是介绍了量子通信的核心原理，并不是量子通信的全部。因为，要真正实现不被窃听，还有一个至关重要的问题。

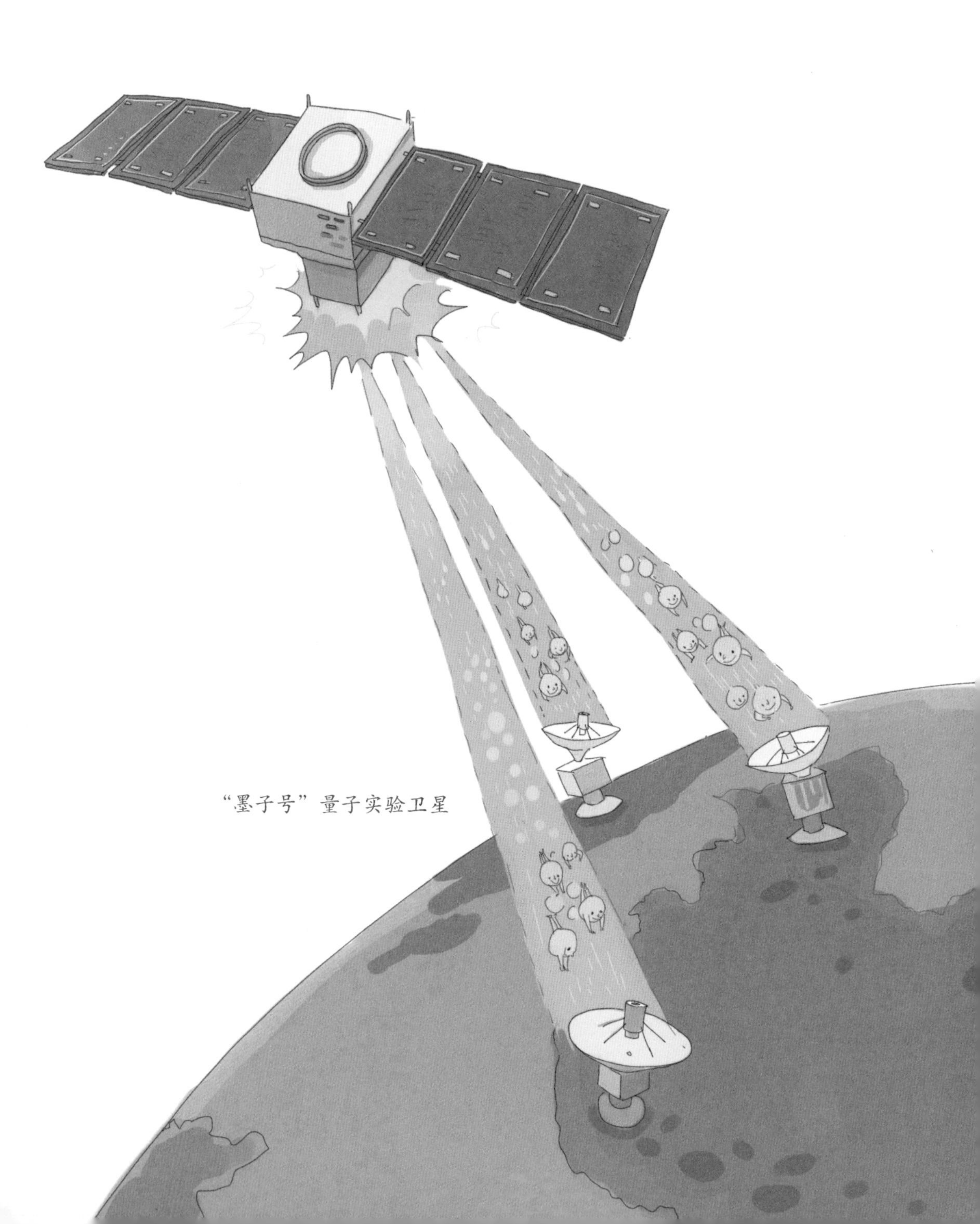
“墨子号”量子实验卫星

量子不可克隆原理

在单光子通信方案中，你有没有想到一个可能的漏洞呢？

如果窃听者对窃听到的每一个光子不是拦截，而是进行复制，那不就同样能达到窃听的目的吗？为了帮助你理解，我们还是用那个快递的比喻。假如有一个人，把一个快递员在途中拦截了下来，打开快件，把里面的信息复制一份出来，再让这个快递员继续送货，这样不就能偷偷窃取信息了吗？信息的发送方和接收方并不知道有人已经复制了信息。

科学家们当然也会想到这个问题。万幸的是，科学家们发现了量子世界中的又一个神奇规律，这个规律叫作量子不可克隆原理。什么是克隆呢？就是在不破坏原物的情况下，做一个和原物一模一样的复制品，必须要保证原物和复制品都完好无损，这时候你就无法区别谁是原物，谁是复制品了。那么，量子能不能被克隆呢？

答案是绝对不可能。为什么？其中的道理非常艰深，大致说来是这样：你还记得我上一章给你讲过的量子自旋态吧？一个量子的自旋态在被测量之前，是处在不确定状态中的，只有被测量了之后才能确定下来。正是这个原因，使得一个量子的自旋态永远也不可能被另一个量子克隆。你想啊，假如你要克隆一个量子，你就需要知道这个量子是什么状态的，而要确定量子的状态，就免不了测量。但问题是，一个量子一旦被测量了，它就不再是原来的状态了，它变成了一个确定的状态。在物理学上，我们把这个过程叫作“从纠缠态变成了本征态”。本征态和纠缠态是两种不同的状态。虽然我们可以利用量子纠缠复制出一个一模一样的量子，但是对不起，一旦你复制成功了，原始量子也必然被破坏。所以，一个量子的量子态只能被传递出去，而不能被克隆。这就是量子力学中的量子不可克隆原理。

现在我们回到那个快递的比喻。在量子的世界中，虽然你可以把快递员给拦截下来，但是，你只要一打开快递盒，读取了里面的信息，那对不起，这个快递盒就被彻底破坏了，你不可能再发送一个一模一样的快件给接收方了。你也不可能克隆出一个快件，一个自己留下，一个再发送出去。

用量子纠缠复制出的量子，一旦被复制，原始量子也必然被破坏

科学研究是对现象的还原

正是因为有了量子不可克隆原理的存在，才使得单光子通信成为绝对安全、从理论上来说不可能被窃听的量子通信方式，它在未来的军事、国防和信息安全领域将发挥巨大的作用。

需要补充说明的是，目前我国实现的量子通信，天地之间传输的并不是直接需要的信息，而是用来给信息解密的钥匙数字。回想一下我上一章给你讲的知识，在科学上，我们把这串钥匙数字称为“密钥”，因此，今天的量子通信技术也被称为“量子密钥分发技术”。

好了，看到这里，我想，你应该能看穿社会上流行的两种谎言了。一种谎言说量子通信是一个大骗局，只不过是传统的激光通信。而另外一种谎言则恰恰相反，把量子通信描述成无所不能的超光速通信。通过这一章的学习，我想你应该看懂了，量子通信不是骗局，是实实在在的科学进步，只是很多人都没能正确理解量子通信的原理和用途。量子通信的速度也不可能超过光速，它依然是通过光子的运动来传递信息，速度当然还是光速。

回顾本章的故事，我们会发现：

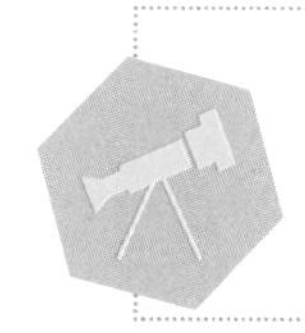

科学研究是一种探索现象的本质的过程。我们把一个现象还原得越彻底，越微小，我们就能对这个现象了解得越深入，从而找到实现目标的有效方法。

如果我们不了解窃听的原理是对电磁波信号的“瓜分”，就不可能想出能够杜绝窃听的量子通信。当然，如果没有对量子现象的本质还原，也不可能实现量子通信。人类对大自然的认识就是在这种不断还原的过程中前进的，对宏观世界的认知来自对微观世界的探索。

下一章，将是本书的大结局，我将为你盘点量子力学中那些最为人们津津乐道的话题。你想知道薛定谔的猫是生还是死吗？你想知道当我们不去看月亮的时候，月亮是否存在吗？你想知道市场上那么多打着量子旗号的技术哪些是真，哪些是假吗？咱们下一章揭晓答案。

思考题

请你想一想，为什么科学家们要对人体进行分子级别的还原？这种还原对于我们认识疾病有什么帮助呢？请你通过网络搜索，找到感冒的本质原因，然后告诉你的父母。

第10章 量子力学不神秘

令人困惑的量子力学

同学们，这本书即将结束了，你已经看到，科学家们从思考光的本质开始，一点点地深入探索，最后终于打开了奇妙的量子力学的大门，人类文明由此一脚跨入了信息时代。而量子力学从诞生的第一天开始，就饱受质疑。它就像是一位久经沙场的战士，每经受住一次炮火的洗礼，都会变得更加强壮。

量子力学开始是个小不点，在一次次的质疑中成长为久经沙场的战士

我们是从讨论光到底是一种波还是一种微粒的聚合开始，一点儿一点儿走进了奇妙的微观世界。科学家们发现，在微观世界中，量子的存在方式和行为方式与我们在日常生活中所见到的现象有着巨大的差别，以至于无数的大师级科学家都感到无比困惑，无比惊讶。玻尔就曾经说过这样一句名言：如果有人第一次听到量子力学而不感到困惑的话，说明他没有听懂。

是的，量子力学中有非常多的冲击人们传统观念的现象。比如说，在微观世界，一个量子的状态可以处在叠加态之中。这个观念是首先由玻尔提出来的，在刚刚被提出的那会儿，有许多科学家强烈反对。其中有一位著名的科学家，我们之前也提到过的薛定谔，就是坚定的反对者之一。

薛定谔也是一位非常厉害的科学家，他想出了一个直到今天依然被津津乐道的思想实验来反驳玻尔的观点。这个思想实验就是大名鼎鼎的“薛定谔的猫”。这是怎么一回事呢？

薛定谔坚决反对玻尔的量子力学观点

原子衰变

在讲解这个思想实验之前，我要先给你解释一个概念，就是“原子衰变”。原子是构成万物的基本单位，如果你把一根铁丝不断地分割，分到最后，你就能得到一个个的铁原子。宇宙中至少有 100 多种不同的原子，每种原子的重量还不一样，科学家们给原子都编了号，序号越大的原子就越重。比如说，铅原子就是 82 号，92 号原子叫铀原子。铀原子是一种不稳定的原子，它有可能会突然变成铅原子，就好像会变身的绿巨人浩克一样。不过，原子的变身只能从序号大的变成序号小的，每次变身，重量都会衰减，所以，科学家们就把这种原子的变身叫作“衰变”。

原子衰变是一种随机发生的现象。对于一个单独的原子，我们根本无法预测它何时会发生衰变，这还真的有点像浩克，希望变身的时候，怎么也不变；不想变身的时候，突然就变了。也就是说，一个铀原子衰变还是不衰变存在着不确定性。按照玻尔的观点，在我们测量一个铀原子之前，它就处在了衰变与不衰变的叠加态中，只有我们去测量的时候，才能知道它到底有没有衰变。

薛定谔听到玻尔的这个解释，非常不屑，他大声地反驳说：“玻尔老弟啊，玩笑开过头了，原子怎么可能同时处在衰变和不衰变的叠加态呢？”

玻尔说：“哼，为什么就不行啊？！”

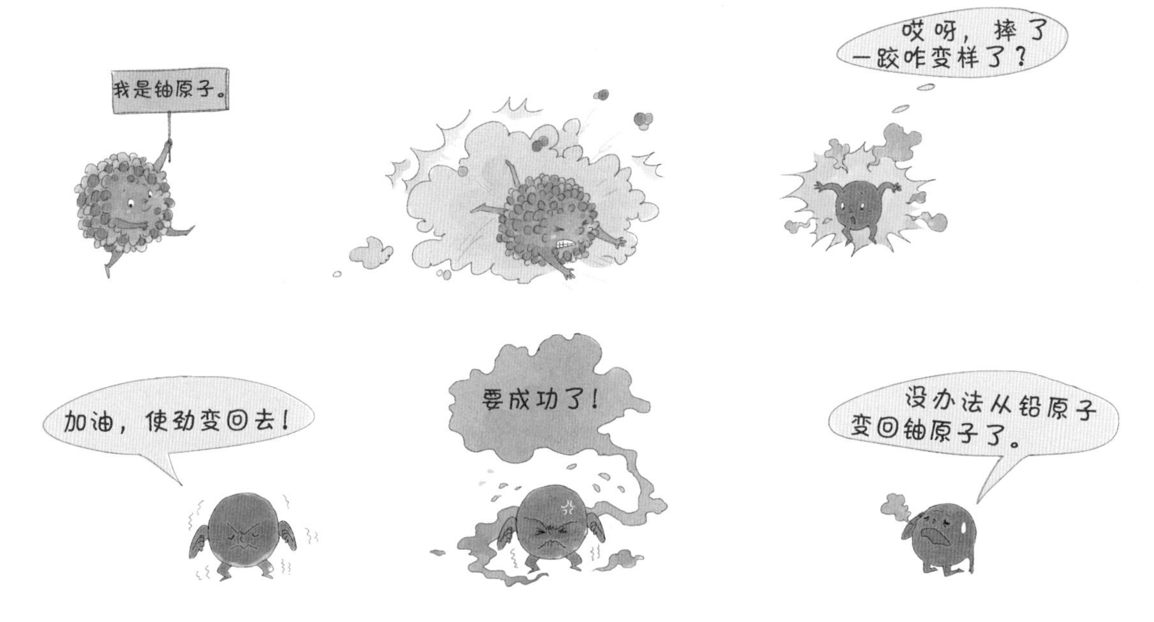

铀原子摔了一跤变成了铅原子，却无法从铅原子变回铀原子

原子衰变是一种随机发生的现象，我们无法预测

薛定谔的猫

薛定谔也不是吃素的，他继续反驳说：“好吧，看来老弟你是不见棺材不落泪啊，那我们来做个思想实验。现在，想象一下，如果我们把一只猫关在一个密闭的盒子中。然后，在盒子中放一个毒气瓶，瓶子的上方有一个精巧的机关，这个机关又连着一把锤子。这个机关是否触发就看机关中的铀原子是否衰变。如果衰变，机关就会被触发，锤子落下，毒气瓶被打破，毒气释放，猫就死了。玻尔老弟，按照你的说法，铀原子在被测量之前，是处在了衰变和不衰变的叠加态。那么，我是不是可以说，在铀原子被测量之前，这只猫也是处在了生与死的叠加态了呢？请你先给我解释一下一只又生又死的猫到底是一种什么样的存在状态吧。如果你解释不了，以后就别再提什么叠加态了，拜托！”

薛定谔的这个思想实验就是大名鼎鼎的“薛定谔的猫”，这是薛定谔用了数学中经常会被用到的反证法来证明玻尔的观点是荒谬的。反证法的思路是这样的，我先承认你玻尔所谓的叠加态是存在的，然后据此推导出一个听上去很荒谬的结论，从而说明玻尔的观点也是荒谬的。你听懂了吗？

那么，薛定谔的猫到底有没有驳倒玻尔的理论呢？几十年以来，科学家

薛定谔的猫

们为此争论不休。但总体上来说，大多数科学家并不认为薛定谔的猫驳倒了玻尔的理论。比如说，有一些机智的科学家就提出，薛定谔忘了一个重要的关键性问题。他假设原子衰变，机关就被触发；原子不衰变，机关就不被触发。但问题是，他没有说清楚原子处在叠加态时，机关是触发还是不触发啊。你看，这个锅又甩回给了薛定谔，他只要一说清楚机关是触发还是不触发，那么猫也就有了确定的生死状态，薛定谔的难题自然也就被破解了。还有一些科学家说，处在生死叠加态的猫也不荒谬啊，你又不是猫，你凭啥就说荒谬呢？

总之，关于薛定谔的猫，到今天也还是众说纷纭。不过，不论大家怎么认为，正如大家在前面的章节中看到的，玻尔的理论经受住了严苛的实验检验，到今天也还没发现这个理论有什么错误。

大多数科学家并不认为薛定谔的猫驳倒了玻尔的理论

电子是客观存在的

正因为量子力学中的许多概念都超出了我们日常生活中的经验，所以，在很多人看来，量子力学是非常神秘的，甚至有一些人因为对量子力学的误解，会得出一些貌似令人震惊但并不正确的结论。比如说，有时候我们会在物理学家口中听到这样的话：一个电子，当你不观察它的时候，它是不确定的；一旦你观察了它，它就确定下来了。于是，有人就据此说，当我们不看电子时，电子是不存在的;只有看了电子，电子才存在。更加错误的是，又有人说，因为月亮也是由无数的基本粒子构成的，所以，当我们不看月亮的时候，月亮是不存在的；只有我们看了月亮，月亮才是存在的。

这些说法犯了好几个错误。

第一个错误，物理学中的观察并不是人用眼睛去看才叫观察。观察指的是两个系统之间产生了互动，比如说，电子打在了荧光屏上，会形成一个亮点。这就是电子与荧光屏产生了互动，我们可以说荧光屏观察了电子，也可以说电子观察了荧光屏。我们人的眼睛又是怎么看到这个亮点的呢？那是因为有光子反射到了我们的眼睛中，这时候，就是一些光子与我们的眼睛产生了互动，所以，我们可以说：我们观察了一些光子。当然，也可

我们观察了光子，光子也观察了我们

以说，光子观察了我们。

所以，最恰当的说法应该是“测量”。因此，在前面的章节一直写的是：一个电子在被测量之前，是不确定的。我并没有使用“观察”这个词，就是怕你们把“观察”理解为“用眼睛看到”。实际上，我们的双眼并不能发出光子，如果在一间漆黑的屋子中，你眼睛瞪得再大，也观察不到任何东西。所以，我们的眼睛并不是直接的测量工具。

第二个错误，电子被测量之前，不确定的只是某些状态，而不是电子本身是否存在。一个电子，即便没有被测量，它的质量也是真实存在的，并不会因为测量还是不测量而改变。月亮是由无数的基本粒子组成的，这些基本粒子的质量、电荷等物理性质都是真实存在的，所以，哪怕我们不去看月亮，月亮也是存在的。

月亮确定在那里

有一些人可能会反驳说，基本粒子的位置在被测量之前是不确定的，所以，月亮的位置在被测量之前就是不确定的。这样一来，我们是否就可以说，当我们不看月亮的时候，月亮并不在天上的那个位置，只有我们看了以后，它才确定在那个位置？

你觉得这个说法对吗？当然也是不正确的。这倒不是因为微观世界的规律到了宏观世界就不适用了，恰恰相反，微观世界和宏观世界是没有一条明确的分界线的。其实，量子力学的所有原理和定律同样都可以用在宏观世界中。只是，真正的区别在于，我们在日常生活中无法看到一个单独的粒子是怎样的，我们看到的都是亿亿万万个粒子聚合在一起的表现。一群粒子和一个粒子表现出来的运动有可能是完全不同的。

我给你举个例子，你在电视上见过海洋中的鱼群吗？几万条小鱼组成的鱼群，整体上看去，它们有一条清晰的运动路线。可是，如果你只观察其中的任意一条鱼，你会发现，这条鱼的运动路线是非常杂乱和随机的，你完全无法预测单独一条鱼下一刻在哪里，可是你却可以预测整个鱼群下一刻在什么位置。

构成月亮的亿亿万万个粒子也是一样。在被测量之前，我们确实无法确定其中任何一个粒子的位置，但是，我们却可以准确地知道，这亿亿万万个粒子整体处在什么位置。每一个粒子都遵循着量子力学的基本原理，它们在总体上就表现出了我们在日常生活中所能感受到的样子。

因此，有时候你会听到物理学家说，微观世界的行为不能简单地套用到宏观世界。这并不是说宏观世界的规律与微观世界有什么根本的不同，这句话的真正含义是单个粒子所表现出来的规律与一群粒子所表现出来的规律看上去是不同的，但它们是自洽的，宏观世界的一切现象实际上都是微观世界的粒子行为的表现。微观和宏观只不过是我们为了语言描述上的方便人为制造出来的概念。这个真实的宇宙就是宇宙，自然规律可不会理会是微观还是宏观，自然规律也不会因为有人还是没有人而改变。

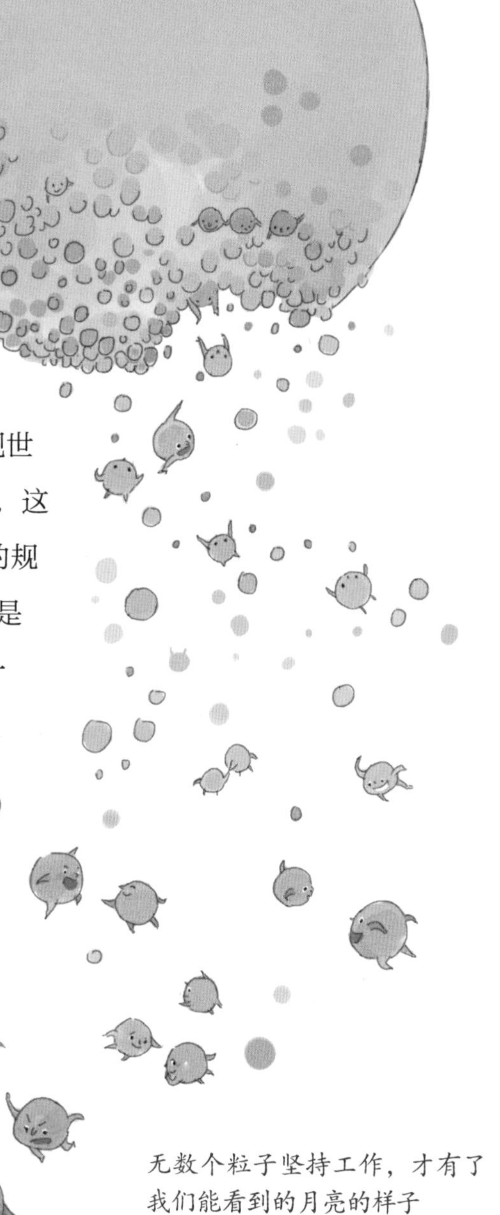

无数个粒子坚持工作，才有了我们能看到的月亮的样子

世界是客观存在的

由于对量子力学中“观察”的错误理解，我们在社会中最常看到的一种错误观点是用量子力学来证明人类的意识创造了世界，或者用量子力学来证明神佛鬼怪的存在。其实，宇宙已经存在了 138 亿年，地球也已经存在了 46 亿年，而智人的存在不超过 20 万年，难道在 20 万年前，自然规律会与现在有什么不同吗？

量子力学很神奇，在它的指导下，我们创造了今天的信息时代，我们周围几乎所有的高科技产品都有量子力学的身影。不过，请大家记住，一切打着量子旗号的保健用品、食品都是骗局，没有例外。

最后，我想告诉同学们：

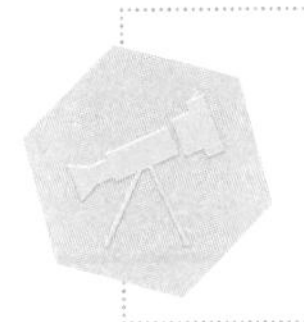

量子力学神奇但不神秘，它依然是可以被我们理解的，尽管人类还面临着许多未解的难题，但未来解答这些难题依然还是只能靠科学，而不是靠宗教或者哲学。

宗教或许能够帮助人们获得内心的平静，哲学或许能够帮助科学家选择正确的研究方向，但想要真正揭示自然规律的数学原理，只能依靠科学。

科学探索是一场永无止境的攀登，每当我们解开一道谜题，就会发现更多新的谜题。那些自以为掌握了终极真理、已经登顶的人的想法，都只不过是自欺欺人的妄想而已。

量子力学从诞生到现在，才刚刚百年，人类才刚刚走进微观世界的大门，我们不知道还有多少精彩的东西在这个肉眼看不见的世界中等待着我们。我真心希望，在这片神奇的新大陆上能够留下你的足迹，在量子力学发展的里程碑上刻下你的名字。

恭喜你看完了这本书，我希望在你的脑海中留下了这段话：

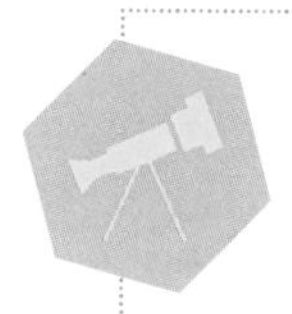

探索宇宙奥秘，需要永葆好奇心，学好数学，大胆假设，小心求证，用严格的实验、精密的测量，不断还原现象背后的本质；科学不爱求同存异，证据为王！

我是汪诘，咱们后会有期！

思考题

请你把本书中你认为最重要的那句话抄写在你经常能够看到的地方。

科学探索是一场永无止境的攀登